Ejes esenciales de la sociedad del conocimiento y la socioformación

Sergio Tobón

Kresearch

Tobón, S. (2017). Ejes esenciales de la sociedad del conocimiento y la socioformación. Mount Dora (USA): Kresearch.

DOI: dx.doi.org/10.24944/isbn.978-1-945721-18-2
Educación

www.kresearch.us
e-mail: contact@kresearch.us

Coordinación administrativa:
Ing. Clara Eugenia Guzmán Calderón

Primera edición: 2017
ISBN: 978-1-945721-18-2
DOI: dx.doi.org/10.24944/isbn.978-1-945721-18-2
Edición: Estados Unidos
Dirección: 3550 N. Hwy 19A, Mount Dora, FL 32757, USA

ÍNDICE

ÍNDICE DE TABLAS

ÍNDICE DE FIGURAS

PRESENTACIÓN

La sociedad del conocimiento es el nuevo tipo de sociedad que se está buscando crear en todo el mundo con el fin de superar los problemas actuales relacionados con el calentamiento global, la emergencia de nuevas enfermedades, la pobreza, el hambre, el terrorismo, la violencia intrafamiliar, el racismo, la falta de inclusión y poca calidad de vida de un gran porcentaje de personas en el mundo.

La sociedad del conocimiento está llevando a la transformación de todas las profesiones, disciplinas y áreas, como la salud, la ingeniería, la educación, la sociología, la antropología, las ciencias básicas, la arquitectura, entre otras. Este nuevo tipo de sociedad demanda un trabajo más inter y transdiciplinario, centrado en contribuir a mejorar las condiciones de vida con apoyo en la cultura ciudadana, la ética y las tecnologías de la información.

La construcción de la sociedad del conocimiento demanda procesos de investigación que orienten el desarrollo de nuevos conceptos y procedimientos en las diferentes disciplinas y ciencias, como también cambios sociales, transformaciones en las organizaciones e implementación de estrategias que lleven al desarrollo de nuevas competencias en las personas, como la colaboración y el emprendimiento.

Para lograr la sociedad del conocimiento, una de las alternativas es desarrollar el talento humano en las personas. Sobre ello, se están creando nuevos enfoques y modelos educativos con aplicación en la sociedad, en las organizaciones y también en las instituciones educativas, como es el caso del conectivismo, la pedagogía dialógica, la educación compleja y la socioformación, entre otros.

La socioformación es un enfoque centrado en el desarrollo del talento humano en la comunidad, las organizaciones y las instituciones de formación, teniendo como base la gestión mediante proyectos y el trabajo colaborativo para que los diferentes actores sean emprendedores y contribuyan a mejorar las condiciones de vida resolviendo los problemas del entorno con una visión global y sistémica, con apoyo en las tecnologías de la información y la comunicación.

Desde la socioformación se proponen una serie de estrategias concretas para orientar a las personas y organizaciones en el proceso de transformación hacia la conocimiento, que se caracterizan por la metacognición, la aplicación de los principios del pensamiento complejo, el trabajo en comunidad, la resolución de problemas y la co-construcción de los saberes para afrontar los retos del entorno.

El presente libro tiene como propósito describir los diferentes ejes de la sociedad del conocimiento y la socioformación de manera sintética, para que sirvan de orientación general a los investigadores y profesionales de diversas áreas para su aplicación en el entorno. Es importante complementar las ideas expuestas con el material bibliográfico sugerido al final.

CAPÍTULO 1

EJES DE LA SOCIEDAD DEL CONOCIMIENTO

CONTENIDO

INTRODUCCIÓN

La sociedad ha tenido transformaciones a lo largo de la historia y esto conlleva cambios en las ciencias y disciplinas. En las últimas décadas, estas transformaciones se han presentado de manera rápida, producto de la tecnología como también de los cambios en el ambiente que han puesto en peligro la supervivencia del hombre en el planeta si no se implementan nuevas estructuras de sociedad.

Es en este contexto donde se ha desarrollado y fortalecido la sociedad de la información, que ha posibilitado grandes contribuciones a la sociedad humana, pero esto no se ha traducido en mejorar las condiciones de vida en el marco de la sostenibilidad ambiental. Actualmente, por primera vez en la historia, está en peligro la existencia del hombre y de las diversas especies. De allí la necesidad de crear y consolidar a nivel mundial una sociedad del conocimiento, que tenga como principio la sostenibilidad ambiental y la calidad de vida basada en la convivencia y la inclusión.

En el presente capítulo se busca sintetizar el núcleo de la sociedad del conocimiento desde una perspectiva humanista, considerando los cambios sociales de las últimas décadas, los retos del desarrollo humano, los avances en la tecnología y el trabajo colaborativo entre los diferentes actores sociales. Con ello se pretende generar acciones que impacten el

desarrollo social sustentable con inclusión, a través de la transformación de las instituciones educativas, las organizaciones comunitarias, los centros de investigación, las industrias y las empresas.

1.1 CONCEPTO DE SOCIEDAD DEL CONOCIMIENTO

Desde una postura humanista, la sociedad del conocimiento consiste en que las personas trabajen de manera colaborativa y realicen proyectos para tener niveles óptimos de calidad de vida en el marco de la inclusión, la convivencia pacífica, el desarrollo socioeconómico y la sostenibilidad ambiental, mediante la búsqueda, procesamiento, análisis, adaptación, creación, innovación y aplicación del conocimiento, considerando diferentes fuentes y aplicando la tecnología (Tobón, Guzmán, Hernández, & Cardona, 2015). Difiere de la sociedad de la información y la sociedad red en que no tiene como fin la tecnología sino el desarrollo humano con sostenibilidad ambiental e inclusión.

El reto es pasar de la sociedad industrial y basada en la información a la sociedad del conocimiento para que las personas participen de forma activa en la resolución de los problemas del contexto con una visión global, flexible y sistémica, asumiendo la diversidad como una característica clave de la sociedad humana. Esto requiere apropiarse y poner en práctica de manera articulada diferentes saberes, tales como el saber ser, el saber hacer, el saber conocer y el saber convivir.

La sociedad del conocimiento se logra en todo grupo, organización, comunidad o institución que comience a tener impacto en el mejoramiento de las condiciones de vida de sus integrantes y en la sociedad en general mediante el trabajo colaborativo, a través de la aplicación del pensamiento complejo y con apoyo en las tecnologías de la información y la comunicación. Implica el análisis crítico y creativo, como también la innovación en lo que se hace.

1.1.1 Sociedad de la información

La sociedad de la información consiste en producir, sistematizar y compartir grandes cantidades de información por diferentes medios, tales como el celular, la televisión y el internet, con el fin de suplir determinadas necesidades y realizar tareas cotidianas.

La sociedad de la información se caracteriza por:

1. Producción de volúmenes cada vez más grandes de información.
2. Transmisión de la información por múltiples medios tecnológicos.
3. Todos los ciudadanos comparten información de acuerdo con sus intereses, sin analizar con rigurosidad las fuentes.
4. Se tiende a valorar la información en sí misma, sin considerar sus fines ni consecuencias a largo plazo.
5. Poco empleo de la información para mejorar las condiciones de vida, como por ejemplo, disminuir la pobreza.
6. Comunicación de la información con impacto para que le llegue a la mayor cantidad posible de personas e influya en la toma de decisiones con un determinado fin.
7. Se transmite información digital en grandes volúmenes a partir del desarrollo de nuevas tecnologías como la fibra óptima y el aumento del ancho de banda.

En la sociedad de la información, las organizaciones tienen como fin procesar, almacenar y transmitir la información por diferentes medios para influir en las decisiones de las personas de acuerdo con unos determinados propósitos, sin considerar, la mayoría de las veces, el mejoramiento de las condiciones de vida a través del análisis sistémico de los problemas, el análisis crítico y el trabajo colaborativo. Es por ello que debe transformarse este tipo de sociedad hacia la sociedad del conocimiento.

1.1.2 Sociedad red

La sociedad red se refiere a la sociedad hiperconectada, donde todo se pretende llevar a cabo por medio del internet, como la medicina, el gobierno, la democracia, las relaciones sociales, los negocios, el trabajo, etc. La sociedad red se caracteriza por:

1. Se asume como una comunidad conectada por medio del internet y otras tecnologías.
2. Le da valor a todo lo que se haga por medio de la conectividad tecnológica.

3. Promueve el internet de las cosas, es decir, que cualquier actividad tenga como base la red. Producción de volúmenes cada vez más grandes de información.
4. La conexión al internet es un servicio de primera necesidad y quien no posee conexión está excluido.
5. Todas las personas deben desarrollar la competencia de manejo de las tecnologías de la información y la comunicación desde temprana edad.
6. El valor de las organizaciones y de las personas está dado por el grado de empleo de la conectividad en sus actividades cotidianas.

En la sociedad red, las organizaciones y personas se enfocan en tener altos niveles de conectividad tecnológica para poder interactuar, aprender y formarse de manera continua a lo largo de la vida. Esto lleva a un fuerte desarrollo de la inteligencia artificial y los robots como apoyo en este proceso. Sin embargo, no hay como tal el fin de mejorar las condiciones de vida mediante la colaboración y se corre el peligro de asumir la conectividad como un fin en si mismo, y no como un medio para tener una mejor calidad de vida con sostenibilidad ambiental e inclusión.

1.2 TECNOLOGÍAS SOCIOFORMATIVAS

La sociedad del conocimiento no tiene como fin la tecnología, sino que se apoya en ella para fortalecer el trabajo colaborativo, promover la ciudadanía mundial en el marco de las identidades locales y generar sostenibilidad ambiental. El reto, por consiguiente, es generar desarrollo tecnológicos como la inteligencia artificial y los robots que ayuden a los seres humanos en el aseguramiento de la supervivencia sin sacrificar el ambiente y sin tener que buscar nuevos planetas o entornos para lograrlo. De allí la necesidad de superar las tecnologías de la información y la comunicación y generar tecnologías socioformativas que apoyen una nueva cultura humana.

Las tecnologías socioformativas son una nueva categoría de tecnologías a disposición de las organizaciones, la comunidad y las personas y consisten en procedimientos basados en equipos, redes y software con el fin de apoyar en la identificación, sistematización, comunicación y resolución de problemas del entorno mediante la colaboración en línea, desde diferentes partes. Las tecnologías socioformativas se diferencian de las TIC en los siguientes puntos:

1. Tienen como eje central los procesos de colaboración. Esto significa que por defecto, toda tecnología de esta naturaleza ayuda a gestionar el trabajo colaborativo necesario con diferentes herramientas.

2. Buscan determinar los problemas hay en una determinada área con el fin de llamar la atención de los usuarios y generar soluciones de manera rápida.
3. Llevan un registro y sistematización de los problemas, así como de las soluciones propuestas.
4. Permiten la interacción en tiempo real entre los usuarios para encontrarle solución a los problemas.
5. Facilitan la evaluación y retroalimentación de los análisis y soluciones propuestas a los problemas buscando el mejoramiento continuo.
6. Promueven el análisis crítico de las situaciones a través de la búsqueda del conocimiento en fuentes rigurosas.

Una aplicación tecnológica basada en infraestructura, equipos, redes y software no es por sí misma socioformativa. Se requiere que esté enfocada en ayudar a las personas a trabajar de manera colaborativa para resolver los problemas.

1.3 SOCIEDAD DEL CONOCIMIENTO Y ORGANIZACIONES

Las organizaciones deben transformarse para que sean escenarios de sociedad del conocimiento en los cuales se trabaje de manera colaborativa en el mejoramiento de las condiciones de vida mediante la ejecución de acciones concretas que aseguren la sostenibilidad ambiental. Para ello, debe implementarse una cultura de trabajo por proyectos en equipo, que se enfoque en la resolución de problemas prioritarios y posibilite no solo el logro de las metas de cada organización, sino que también generen impacto en mejorar las condiciones de vida con inclusión, tomando como base la tecnología.

1.3.1 Transformación de las organizaciones

Acorde con los avances en la sociedad del conocimiento y las tecnologías socioformativas, se deben generar transformaciones en las organizaciones sociales, empresariales, gubernamentales, industriales, de servicios y educativas, con el fin de que se enfoquen en contribuir a mejorar las condiciones de vida de sus integrantes y usuarios, en el marco de la inclusión y el desarrollo ambiental sostenible.

La transformación hacia la sociedad del conocimiento de las organizaciones requiere el trabajo con base en proyectos como cultura organizacional, con lo cual se debe implementar esta metodología en todos los niveles de trabajo y puestos, mediante la colaboración y el uso de las aplicaciones tecnológicas. En esta línea, deberá tenerse cuidado en no considerar los proyectos como un simple cumplimiento de formatos o tareas, sino como una forma de trabajo flexible, centrada en lograr productos relevantes que beneficien a la organización pero también a sus integrantes y a la comunidad.

El proceso de transformación de las organizaciones debe estar asociado al desarrollo del talento de manera continua en todos los integrantes, mediante acciones prácticas y continuas, donde las personas desarrollen y fortalezcan el pensamiento complejo. Esto implica pasar de las acciones de transmisión de contenidos como las conferencias o exposiciones a actividades de formación mediante la resolución de problemas y análisis de casos de manera interactiva entre todos.

La evaluación del desempeño de todos los integrantes de la organización debe ser continua mediante productos, los cuales se deben valorar con base en instrumentos que permitan una retroalimentación integral frente a los logros y los aspectos a mejorar.

1.3.2 Transformación de las instituciones educativas

Se debe transformar el sistema educativo hacia la sociedad del conocimiento, y esto implica acciones en todo el sistema a nivel global de un país, estado o ciudad, como también en el ámbito de cada institución educativa (escuelas, preparatorias, normales y universidades, etc.). Para ello, se debe establecer un plan a corto, mediano y largo plazo que contemple cambios en la gestión, como también en la formación de las personas, la colaboración entre los integrantes y la evaluación continua formativa de lo que se hace.

Esencialmente, para lograr el cambio de las instituciones educativas hacia la sociedad del conocimiento, se requiere:

1. Implementar la metodología de gestión por proyectos en los directivos (directores, asesores y supervisores).
2. Generar una cultura de trabajo colaborativo continua, para que

entre todos se resuelvan los problemas y haya el apoyo necesario para el mejoramiento.

3. Centrarse en la identificación, análisis, interpretación y resolución de problemas prioritarios para la formación integral.
4. Hacer seguimiento continuo a la resolución de los problemas prioritarios, con apoyo en instrumentos pertinentes.
5. Implementar diversas aplicaciones tecnológicas que ayuden en el trabajo con proyectos y la colaboración.
6. Desarrollar el pensamiento complejo en los diversos integrantes de las instituciones.
7. Promover el fortalecimiento de la calidad de vida, la inclusión y el desarrollo sostenible.
8. Desarrollar la cultura del mejoramiento continuo a través de la evaluación de las actividades y el logro de metas en la formación integral.

1.4 DESARROLLO SOCIAL SOSTENIBLE

El desarrollo social sostenible se refiere al proceso por medio del cual una comunidad logra niveles cada vez mayores de calidad de vida, producción económica, convivencia, autoconocimiento, ciencia,

inclusión, equidad, antropoética, salud, y bienestar psicológico, con acciones paralelas de cuidado del ambiente y protección de la biodiversidad en todos los ámbitos, a través del trabajo colaborativo entre sus integrantes, la innovación tecnológica, el cambio en los modos de producción, el uso de energías limpias, etc.

Este concepto se caracteriza por:

1. Busca el desarrollo social como eje clave para lograr la productividad económica y el cuidado del ambiente.
2. Se basa en la formación de los ciudadanos con base en la implementación de proyectos.
3. Aborda el cuidado del ambiente como un eje transversal a todas las acciones que se implementan en la educación, la política, la economía, la tecnología, el transporte, la política, etc.
4. Se logra mediante la colaboración, la conformación de equipos, la gestión por proyectos, y la toma de decisiones oportunas mediante el empoderamiento de las comunidades.
5. Apunta a lograr la convivencia y la calidad de vida de todos, y el desarrollo económico no es un fin en sí mismo, sino un medio para lograr esto.
6. Se fundamenta en la inclusión, buscando que todas las personas se articulen y colaboren entre sí para mejorar de manera continua las condiciones de vida.
7. Se apoya en las tecnologías socioformativas para generar cambios en el entorno.
8. Se forma a las personas en la cultura de buscar el buen vivir más que el acumular riquezas o bienes.
9. Se orienta a generar cambios urgentes en los modos de producción económica, a implementar las energías limpias en la industria y el transporte, a impulsar la ganadería y la agricultura sostenibles, etc.

El concepto de desarrollo social sustentable difiere del concepto de riqueza o crecimiento económico, porque no siempre es posible compaginar ambos procesos. Cuando se piensa solo en la economía se tienden a dejar de lado acciones prioritarias para proteger el ambiente.

REFERENCIAS

Tobón, S., Guzmán, C. E., Hernández, J. S., & Cardona, S. (2015). Sociedad del conocimiento: Estudio documental desde una perspectiva humanista y compleja. Paradigma, 36(2), 7-36. Recuperado de 2017 http://www.scielo.org.ve/scielo.php?script=sci_arttext&pid=S1011-22512015000200002&lng=es&tlng=es.

Tobón, S., Gonzalez, L., Nambo, J. S., & Vazquez Antonio, J. M. (2015). La Socioformación: Un Estudio Conceptual. Paradigma, 36(1), 7-29. Recuperado de http://www.scielo.org.ve/scielo.php?script=sci_arttext&pid=S1011-22512015000100002&lng=es&tlng=es.

22

CAPÍTULO 2

ESTRUCTURA DE LA SOCIOFORMACIÓN

CONTENIDO

INTRODUCCIÓN

En el marco del reto de crear y consolidar a la sociedad del conocimiento en las comunidades, organizaciones e instituciones educativas, se han propuesto nuevos enfoques para orientar la formación de la ciudadanía, como el conectivismo, el aprendizaje invisible, la pedagogía sistémica, entre otras alternativas, que buscan formar en el marco de las nuevas tendencias sociales. Se caracterizan, en términos generales, por la articulación de saberes, la flexibilidad y la creatividad.

En el caso de Latinoamérica, tradicionalmente se han seguido enfoques y modelos de formación de otros contextos, sin llevar a cabo las adaptaciones necesarias. Esto mismo está sucediendo con las nuevas propuestas como el conectivismo, sin análisis crítico y sin investigación de base. Es por ello que se propone la socioformación, una alternativa de origen latinoamericano que busca apoyar la transformación de las organizaciones y personas mediante la resolución de problemas de manera colaborativa, con impacto en el mejoramiento de las condiciones de vida.

2.1 CONCEPTO DE SOCIOFORMACIÓN

Es un enfoque teórico y metodológico sobre el desarrollo del talento humano que busca formar a las personas para vivir en la sociedad del conocimiento con un proyecto ético de vida sólido, trabajo colaborativo, emprendimiento y pensamiento complejo, con el fin de lograr la calidad de vida, la convivencia, la inclusión y el desarrollo socioeconómico, teniendo como base en el aseguramiento de la sostenibilidad ambiental (Tobón, 2013; Tobón, Gonzalez, Nambo, & Vazquez Antonio, 2015).

La socioformación es una propuesta de origen latinoamericano que se aplica en el ámbito organizacional, gubernamental, comunitario, científico y educativo, para desarrollar el talento a través de la identificación, interpretación, argumentación y resolución de problemas del entorno con una visión global y sistémica. Se aborda tanto en la dirección de las instituciones como en la gestión administrativa y en las acciones concretas de formación de las personas, aplicando el mejoramiento continuo mediante la autoevaluación y la coevaluación, con apoyo en instrumentos que permiten identificar el nivel de dominio y retroalimentar frente a los logros y aspectos a mejorar, como son las rúbricas, las matrices, los análisis de casos por problemas del contexto y los registros de observación, entre otros.

La socioformación se enfoca en los procedimientos que es necesario ejecutar para lograr la sociedad del conocimiento, mientras que los enfoques y modelos tradicionales priorizan el discurso teórico. Ofrece un conjunto de acciones tales como las siguientes:

1. Lineamientos para gestionar el talento humano en las diversas organizaciones.
2. Metodología para estructurar y aplicar los modelos educativos.
3. Estrategias para gestionar las organizaciones como los proyectos socioformativos.
4. Procedimientos para poder desarrollar el talento como los proyectos formativos, el taller reflexivo constructivo,

la cartografía conceptual, la UVE socioformativa, el trabajo colaborativo sinérgico, los sociodramas, la estrategia MADFA, etc.

5. La valoración socioformativa centrada en productos, rúbricas y el portafolio.

2.1.1 Pensamiento complejo

El pensamiento complejo, dentro de la escuela de Morín, es un método a través del cual se busca la construcción y gestión del conocimiento en tejido, relacionando las partes entre sí y considerando la naturaleza cambiante de los procesos (Morin, 1992, 2002).

Desde el pensamiento complejo la realidad como tal no es simple ni compleja, asistémica ni sistémica, ordenada ni caótica; la realidad es como es nuestra forma de pensarla. Si nuestra manera de pensar es simple, la realidad va a ser simple, lineal y de causa-efecto; en cambio, si nuestra manera de pensar es compleja, mediante el entretejido de los procesos, entonces la realidad va a ser sistémica y compleja con procesos de organización-desorganización-reorganización, con orden y caos.

El pensamiento complejo es la epistemología de base que orienta la socioformación en torno a la investigación y el desarrollo metodológico sobre el desarrollo del talento humano y la transformación de las organizaciones mediante la articulación de saberes desde la transdisciplinariedad, con flexibilidad, apertura y análisis crítico.

A su vez, en la socioformación se busca que las organizaciones y personas desarrollen el pensamiento complejo a través de cinco ejes esenciales (Tobón, 2017a):

1. Resolución de los problemas del entorno considerando los diferentes elementos en relación que influyen.
2. Análisis conceptual.
3. Análisis crítico.
4. Análisis sistémico de los problemas y procesos.
5. Creatividad para generar nuevas soluciones a los problemas.

Es preciso que las organizaciones y personas desarrollen el pensamiento para poder contribuir a la sociedad del conocimiento. Para ello, la estrategia más pertinente es el trabajo con proyectos y la cartografía conceptual.

Desarrollo del pensamiento complejo

Un eje clave en la socioformación es el desarrollo del pensamiento complejo en las organizaciones y personas, mediante el abordaje de sus cinco ejes estructurales: resolución de problemas, metacognición, análisis crítico, análisis sistémico y creatividad. Para ello, se considerar algunas de las siguientes estrategias (Tobón, 2017a):

1. Trabajar con base en proyectos que se enfoquen en la resolución de problemas del contexto donde tengan diferentes posturas.
2. Articular en los proyectos saberes de varias disciplinas, tanto en la interpretación, como en la argumentación y

resolución. Propender porque esta articulación de saberes sea coherente y ayude en el abordaje del problema, sin complicar el proceso.

3. Afrontar retos del contexto que exijan la formación y fortalecimiento de valores, tales como la responsabilidad, la honestidad, el respeto y la equidad.
4. Implementar acciones para contribuir a mejorar la calidad de vida de las personas buscando la pertinencia del conocimiento.
5. Analizar casos retadores con experiencias de éxito y fracaso para determinar los aprendizajes a tener en cuenta en nuevos proyectos.
6. Valorar los procesos y resultados con base en instrumentos, como por ejemplo las rúbricas, para identificar logros y aspectos a mejorar, y luego trabajar entre todos en el mejoramiento continuo.
7. Gestionar el conocimiento científico con base en estrategias de organización y sistematización, como es el caso de la cartografía conceptual y las redes semánticas.

Evaluación del pensamiento complejo

La evaluación del pensamiento complejo en las personas debe hacerse a partir de la gestión de proyectos y la resolución de problemas del entorno, teniendo como base las actividades que se implementan y los productos logrados, como también el proceso de gestión y co-creación del conocimiento, el trabajo colaborativo y los fines que se buscan en la actuación. Para ello, se recomienda valorar seis dimensiones tanto de manera cuantitativa como cualitativa, para determinar logros y aspectos a mejorar (Tobón, 2017a).

Las seis dimensiones a considerar en la evaluación del pensamiento complejo de las organizaciones y personas son las siguientes:

- Dimensión 1. Resolución de los problemas del entorno considerando los diferentes elementos en relación que influyen.

- Dimensión 2. Análisis crítico.
- Dimensión 3. Análisis conceptual.
- Dimensión 4. Análisis sistémico de los problemas y procesos.
- Dimensión 5. Creatividad para generar nuevas soluciones a los problemas.

Cada dimensión tiene unos determinados indicadores que pueden valorarse mediante una lista de cotejo o escala de estimación, en complemento con un análisis cualitativo. Para efectuar la valoración es indispensable tener como referencia la actuación ante un determinado problema, las actividades implementadas y los productos generados.

2.1.2 Proyecto ético de vida

Consiste en buscar la realización personal, el desarrollo social y la sostenibilidad ambiental mediante acciones concretas en el torno hasta lograr las metas establecidas y el mejoramiento continuo, aplicando los valores universales tales como la responsabilidad, el respeto, la honestidad, la equidad, la humildad, la solidaridad y la protección de la vida. Implica disfrutar con lo que se hace, asumiendo cada día

nuevos retos (Tobón, 2017b). Es vivir afrontando los retos de la vida y el desarrollo de al menos un área de talento, trabajando con laboriosidad y persistencia hasta lograr las metas, experimentando satisfacción con lo que se hace y aplicando en las diversas situaciones los valores universales, tales como la responsabilidad, la honestidad, el respeto y la equidad.

Se tiene un proyecto ético de vida sólido cuando se vive con calidad de vida, se disfruta lo que se hace y se contribuye a la calidad de vida, la convivencia y el desarrollo económico de la comunidad con acciones concretas de sostenibilidad ambiental.

El proyecto ético de vida implica:

- Buscar la realización personal.
- Contribuir a la calidad de vida y el desarrollo socioeconómico de la comunidad en un marco de sostenibilidad ambiental.
- Actuar en el contexto con metas a corto, mediano y largo plazo.
- Desarrollar el talento mediante la resolución de problemas del entorno
- Trabajar con laboriosidad en los proyectos.
- Vivir siguiendo los valores universales.

- Mejorar continuamente con creatividad.
- Aplicar el autocuidado de la salud y tener conductas saludables.

El proyecto ético de vida no es solamente una planeación de la vida con metas, valores y actividades por realizar; incluye, además, la ejecución de la planeación en el marco del compromiso con la comunidad y el ambiente, así como la evaluación continua de las acciones implementadas y de las metas logradas aplicando los valores universales. Esto último es el componente ético.

Valores

Los valores son procesos cognitivo-afectivos generales caracterizados por ser profundos y perdurables, que inducen conductas y el logro de metas valoradas positivamente en la sociedad. Se expresan a través de las actitudes y acciones en la vida cotidiana.

En la socioformación, los valores son comportamientos concretos que llevan a las personas al crecimiento, el mejoramiento continuo, la realización personal, la calidad de vida, la convivencia y el desarrollo socioeconómico de la comunidad con sostenibilidad ambiental. Se evidencian en hechos y productos concretos.

Por ejemplo, una persona tiene el valor de la responsabilidad cuando actúa en la vida cotidiana cumpliendo sus compromisos, entregando en tiempo y forma los productos que se comprometió a elaborar, etc.

Los principales valores son:

- Responsabilidad
- Respeto
- Honestidad
- Equidad
- Solidaridad
- Humildad
- Protección de la vida

Responsabilidad

Consiste en cumplir los acuerdos que se establecen consigo mismo y los demás, responder por las consecuencias de los actos, corregir los errores y reparar los daños en el mayor grado posible.

Una persona es responsable cuando:

1. Cumple de forma oportuna los compromisos que establece consigo mismo, los demás y el entorno ambiental.
2. Sigue las normas y leyes sociales con consciencia de éstas y sus beneficios.
3. Asume las consecuencias de sus actos en las diversas situaciones de la vida.
4. Previene los posibles errores o consecuencias negativas de sus actos.
5. Reconoce sus errores y los corrige en el menor tiempo posible.

Respeto

Consiste en relacionarse con uno mismo, los demás y el ambiente considerando las cualidades positivas y buscando el bienestar con tolerancia y cordialidad. Implica atención y consideración a uno mismo, a los demás y al ambiente ecológico.

Una persona es respetuosa cuando:

1. Asume las diferencias entre las culturas como algo propio
2. de la sociedad humana y comprende su valor para el enriquecimiento de la propia cultura.Tiene tolerancia frente a las ideas, opiniones y formas de ser de las personas.
3. Considera las ideas y planteamientos de las demás personas.
4. Trata con cordialidad y amabilidad a los demás.
5. Valora el ambiente y busca protegerlo.
6. Cuida su bienestar personal, el de los demás y del ambiente. No hacerse daño a sí mismo, a los demás ni al ambiente.

Honestidad

Consiste en actuar buscando la verdad, comunicarse con sinceridad en las diversas situaciones de la vida y respetar los bienes de los demás.

Una persona es honesta cuando:

1. Actúa en las diversas situaciones ajustándose a los hechos, diciendo la verdad. No dice mentiras.
2. Tiene prudencia y recato en sus relaciones con los demás. Protege el buen nombre de los demás.
3. Es honrado, es decir, respeta los bienes de los demás. No toma lo que no le pertenece.
4. Lo que dice se corresponde con lo que hace.

Equidad

Consiste en que todos los seres humanos tengan los mismos derechos y deberes, sin importar su género, sexo, raza, creencias, lugar de residencia y condiciones económicas.

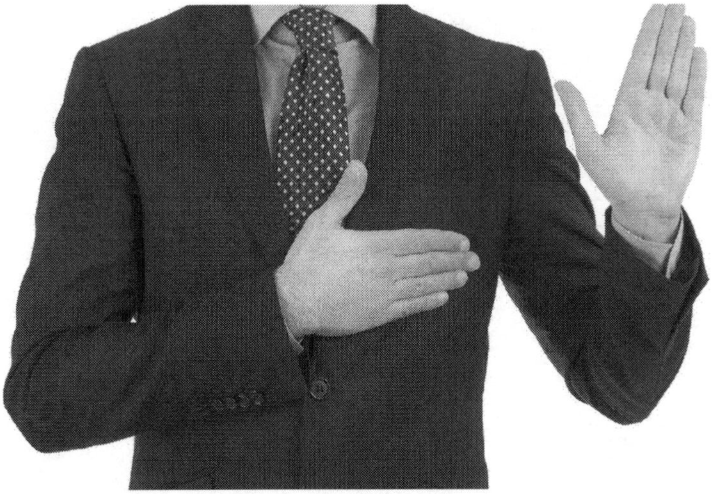

Una persona tiene equidad cuando:

1. Busca que todas las personas tengan acceso a servicios públicos de calidad, como educación, salud, vivienda, comunicaciones y recreación.
2. Busca que las empresas atiendan a todos los usuarios sin ninguna discriminación.
3. Asume que el salario y las promociones en el trabajo sean a partir de la evaluación del desempeño.
4. Busca que él y los demás tengan lo que se merecen a partir de su esfuerzo y áreas de talento.

Solidaridad

Consiste en ayudar a las demás personas o al ambiente cuando se presentan dificultades, crisis o catástrofes, sin esperar nada a cambio, actuando con el mayor grado de compromiso e idoneidad posible. Es buscar hacer el bien a los demás y sentirse útil, con la recompensa de ver que los demás han mejorado sus condiciones de vida.

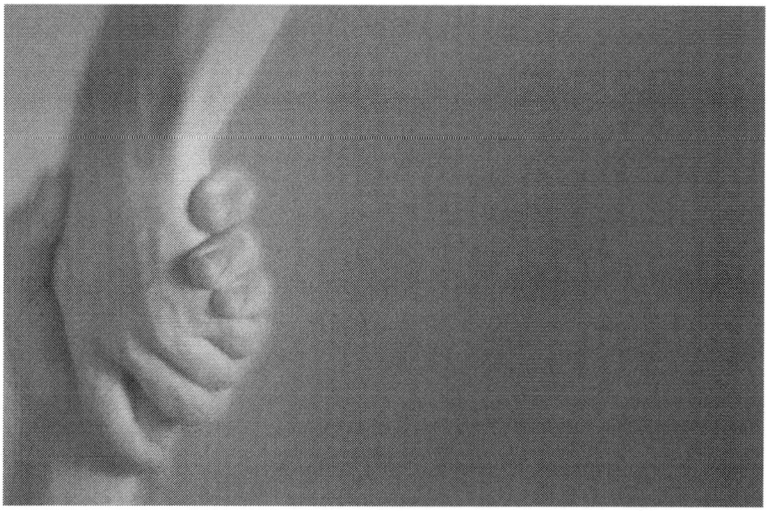

1. Una persona tiene solidaridad cuando:
2. Se interesa por los demás y les ayuda con acciones concretas cuando tienen dificultades.
3. Busca que otras personas también ayuden cuando es necesario.
4. Trabaja de manera colaborativa para superar dificultades o crisis en el ambiente ecológico.
5. Ayuda a que los animales satisfagan sus necesidades y posean bienestar.
6. Apoya a otros a lograr determinadas metas sin esperar nada a cambio.

Protección de la vida

Consiste en respetar y proteger la vida en todas sus formas.

Una persona protege la vida cuando:

- Busca la resolución pacífica de los conflictos mediante la escucha, el diálogo y los acuerdos.
- No hace justicia por si mismo, sino que busca que las instituciones sociales encargadas de ello lo hagan, como la policía y el sistema judicial.
- Tiene tolerancia frente a las ideas y creencias de los demás a nivel religioso, social, político y económico.
- Promueve el trabajo colaborativo en la sociedad para afrontar los problemas entre todos.

Actitudes

Son disposiciones internas y concretas a la acción orientadas por los valores. Están en la base de las competencias.

Se componen de tres elementos:

- Creencia o saber sobre algo
- Querer hacer algo
- Realizar alguna acción manifiesta en el entorno (motivada por el querer y basada en la creencia o el saber)

A través de las actitudes se hacen análisis de los hechos y problemas, se escucha a los demás, se emprenden proyectos y se trabaja con otros.

Ejemplos de actitudes:

Valor: Responsabilidad

Actitudes:

- Llegar puntual a las clases
- Entregar las evidencias en las fechas acordadas con el docente.

2.1.3 EMPRENDIMIENTO

Es iniciar y sacar adelante proyectos innovadores que logren resolver problemas en diferentes contextos, mediante productos relevantes en una comunidad, considerando una determinada área de talento o interés.

El emprendimiento implica las siguientes acciones:

1. Planear proyectos con creatividad para resolver problemas del contexto.
2. Ejecutar los proyectos afrontando la incertidumbre y realizar los cambios que sean necesarios acorde con los retos del contexto.
3. Socializar la ejecución de los proyectos y los productos obtenidos.

4. Evaluar la calidad de los productos obtenidos e implementar mejoras continuas.
5. Crear productos o servicios para resolver problemas del contexto.
6. Generar innovación en la ejecución de los proyectos y los productos.
7. Gestionar los recursos necesarios para implementar los proyectos.

2.1.4 TRABAJO COLABORATIVO

El trabajo colaborativo es el proceso por el cual las personas logran una meta común mediante la complementación yarticulación de sus saberes (habilidades, conocimientos y actitudes), con el fin de tener mayor impacto al que podría lograr una sola persona.

El trabajo colaborativo implica las siguientes acciones:

1. Acordar una meta a lograr con la cual se identifiquen todos.
2. Actuar con un plan de acción acordado entre todos en lo fundamental.

3. Trabajar con sinergia, es decir, complementar las fortalezas de todos los integrantes para lograr con alto impacto la meta en común.
4. Actuar con metacognición, haciendo mejoras continuas y corrigiendo los posibles errores en el trabajo colaborativo.
5. Interactuar con comunicación asertiva, buscando que todos los integrantes se expresen con amabilidad y respeto.
6. Actuar con responsabilidad personal, para que cada integrante realice las actividades acordadas en el plan de acción.

2.1.5 METACOGNICIÓN

La metacognición es otro eje nuclear de la socioformación. Se refiere al proceso de mejoramiento continuo en las actividades y productos que tiene una persona o equipo mediante la práctica continua de la autoevaluación y coevaluación, teniendo como base la aplicación de la reflexión y los valores universales del proyecto ético de vida.

En la socioformación, a diferencia de otros enfoques, la metacognición no se refiere a ir más allá de cognición, ni al proceso de tomar consciencia de lo que se hace, o a la reflexión

en si misma; es demostrar mejoras concretas mediante evidencias en la actuación, tanto personal como de un equipo, con apoyo en criterios e indicadores, y teniendo como base la ética.

Desde la socioformación, la metacognición posee las siguientes características:

- Se centra en mejorar los procesos, productos y servicios hasta lograr la excelencia teniendo como referencia unos determinados indicadores o criterios consensuados o basados en la argumentación en fuentes rigurosas.
- Puede ser tanto individual como colaborativa (en equipo).
- Aborda la actuación integral y no se refiere solo a lo cognitivo. En este sentido, es también objeto de mejora lo afectivo-motivacional, el bienestar psicológico, lo procedimental y las acciones en el contexto social y ambiental.
- No se centra en determinar las bases del desempeño, mediante la identificación de las características de la persona, la tarea y el contexto, sino que se enfoca en el problema que se pretende resolver y la actuación que es necesario ejecutar para lograr las metas establecidas.
- Se evalúa mediante el grado de contribución al logro de unas determinadas metas, teniendo como base la resolución de un problema del entorno.
- Se apoya en instrumentos con indicadores y criterios basados en fuentes rigurosas o establecidos por acuerdo, tales como las rúbricas, las matrices, las escalas de estimación, etc.

2.2 VINCULACIÓN DE LOS ACTORES

La socioformación se basa en el trabajo articulado de todos los actores relacionados con el cambio hacia la sociedad del conocimiento y el desarrollo del talento en las diversas áreas. Esto aplica a todo tipo de organizaciones: sociales, empresariales, industriales, educativas, científicas y comunitarias.

Los actores son las personas que deben empoderarse para contribuir a la transformación mediante el trabajo colaborativo y la puesta en acción de actividades concretas.

Un actor es una persona que potencialmente puede hacer una contribución para que él mismo, otras personas, su equipo, la organización donde trabaja o una comunidad, implementen acciones para trabajar de manera colaborativa en el mejoramiento de las condiciones de vida, con análisis crítico y emprendimiento, buscando la convivencia, el desarrollo social y la sostenibilidad.

Recomendaciones para los actores:

1. Priorizar un problema y establecer una o varias metas comunes que orienten el trabajo de todos. Asumir un determinado para facilitar y apoyar el trabajo colaborativo de manera organizada. Este rol debe ser flexible y cambiarse por otro cuando sea necesario.
2. Identificar las fortalezas con las cuales se puede contribuir a resolver el problema prioritario, teniendo en cuenta las contribuciones de los demás integrantes de la organización en torno al problema identificado.
3. Buscar la formación necesaria para cumplir con el rol o roles asumidos en el trabajo colaborativo. También para desempeñar las actividades con idoneidad.
4. Autoevaluar el trabajo de manera continua e implementar acciones de mejoramiento con base en la retroalimentación de los demás y su apoyo continuo.

REFERENCIAS

Morin, E. (1992). El Método IV: Las ideas. Madrid: Cátedra.

Morin, E. (1994). Introducción al pensamiento complejo. Barcelona: Gedisa.

Morin, E. (2002). Los siete saberes necesarios para la educación del futuro. Buenos Aires: Nueva Visión.

Tobón, S., Guzmán, C. E., Hernández, J. S., & Cardona, S. (2015). Sociedad del conocimiento: Estudio documental desde una perspectiva humanista y compleja. Paradigma, 36(2), 7-36. Recuperado de 2017 http://www.scielo.org.ve/scielo.php?script=sci_arttext&pid=S1011-22512015000200002&lng=es&tlng=es.

Tobón, S., Gonzalez, L., Nambo, J. S., & Vazquez Antonio, J. M. (2015). La Socioformación: Un Estudio Conceptual. Paradigma, 36(1), 7-29. Recuperado de http://www.scielo.org.ve/scielo.php?script=sci_arttext&pid=S1011-22512015000100002&lng=es&tlng=es.

Tobón, S. (2017a). Pensamiento Complejo: Evaluación y Estrategias de Formación. Mount Dora: Kresearch.

Tobón, Sergio (2017b). El proyecto ético de vida desde la socioformación. México: FISOD.

CAPÍTULO 3

GESTIÓN DEL TALENTO HUMANO

CONTENIDO

INTRODUCCIÓN

Las organizaciones deben tener como principal eje de trabajo el desarrollo continuo del talento en su funcionamiento y las personas para afrontar los retos del cambio y la innovación en la sociedad del conocimiento.

Sin embargo, el concepto de talento se ha empleado de una manera reduccionista como "recurso humano", "capacitación", "capacidades excepcionales", o "aptitudes especiales" lo cual dificulta la generación de acciones concretas en la comunidad, las instituciones y las empresas que tengan impacto en el proceso. También se ha tendido a considerar el talento humano en función del logro de metas organizacionales, pero poco en función de la sociedad, de las mismas personas y del entorno.

Desde la socioformación se propone un nuevo concepto de talento humano, definido como el trabajo colaborativo con otras personas para identificar, interpretar, argumentar y resolver problemas con análisis crítico, pensamiento sistémico, argumentación conceptual, creatividad y metacognición (mejoramiento continuo a partir de la reflexión), con el fin de contribuir al desarrollo social sostenible, la calidad de vida de todos y la realización personal. Todos los seres humanos pueden desarrollar el talento en virtud de sus proyectos éticos de vida, las oportunidades del entorno, la formación, la asesoría y el estímulo continuo a trabajar por mejorar las condiciones de vida.

Las organizaciones deben tener como eje principal el desarrollo del talento con el fin de articularse a la sociedad del conocimiento y lograr la permanencia. Para ello, deben implementar acciones continuas que fortalezcan la colaboración, como también el proyecto ético de vida y el pensamiento complejo.

Para ello, es preciso trabajar por proyectos en equipo, estimular la innovación y promover el análisis crítico de los procesos. De esta manera, se trascenderá la actual cultura digital centrada en compartir información por medio de la tecnología, y en su lugar se establecerán poco a poco procesos de emprendimiento para resolver problemas con empatía hacia los demás y el entorno ambiental.

3.1 TALENTO HUMANO

Se han propuesto diversos enfoques para abordar la gestión del talento humano, pero en su mayoría enfatizan en el desarrollo de habilidades, conocimientos y actitudes para realizar las actividades de una determinada organización y ayudar al logro de las metas establecidas. Esto no se ajusta a los retos de la sociedad del conocimiento, que demanda formar personas para construir comunidades autogestoras de su desarrollo, con equidad, inclusión, solidaridad y emprendimiento. La socioformación retoma este reto y replantea el concepto de talento humano como un aspecto que pueden desarrollar todas las personas sin importar sus condiciones físicas, psicológicas, cognitivas, sociales o económicas. Aunque puede tener elementos heredados, el factor más determinante es tener metas y trabajar por el logro de ellas con disciplina y perseverancia, dentro de un marco de colaboración y apoyo social.

De esta manera, en la perspectiva socioformativa, el talento humano consiste en trabajar con otros en la identificación, interpretación, explicación y resolución de problemas del entorno, articulando diferentes saberes (actitudes, conocimientos y habilidades) y gestionando los recursos necesarios, con pensamiento complejo y actuación basada en los valores universales, con el fin de mejorar las condiciones de vida, lograr la realización personal y contribuir a la sostenibilidad ambiental, dentro de un marco de mejoramiento continuo.

Lo anterior significa que el talento no es tener conocimientos, ni tampoco estar en condiciones de realizar tareas, tal y como fue el énfasis en la sociedad industrial. El talento requiere afrontar retos del entorno con creatividad, pensamiento crítico y análisis sistémico. Requiere que las personas asuman los procesos con flexibilidad y afronten las situaciones de incertidumbre con diversas estrategias, en una perspectiva de cambio. Solo de esta manera el ser humano tendrá un espacio privilegiado frente al progresivo auge de los robots, la cultura digital, el internet de las cosas y los sistemas de inteligencia artificial.

3.1.1 COMPETENCIAS

Las competencias, en el enfoque socioformativo, no son un saber hacer en contexto, ni tampoco tener capacidades o destrezas, o realizar tareas en una determinada área. Tampoco se reducen a una movilización de recursos de orden cognitivo, procedimental y afectivo para afrontar retos. En este enfoque, se definen como actuaciones integrales para identificar, interpretar, argumentar y resolver problemas del contexto (personal, familiar, social, laboral-profesional, científico, cultural, artístico, recreativo y ambiental), con ética, idoneidad y mejoramiento continuo, mediante la integración del saber ser, el saber hacer y el saber conocer para lograr el saber convivir, que implica la colaboración en el marco del desarrollo social y el cuidado del ambiente.

Desde la socioformación, son un eje esencial del talento humano y deben posibilitar la autorrealización y mejora de la calidad de vida de las personas, la construcción y fortalecimiento del tejido social, el desarrollo socio-económico y el equilibrio y sostenibilidad ambiental. Las competencias son actuaciones en continuo cambio, y por ende deben se deben asumir con flexibilidad, en el marco de una clara visión compartida en la sociedad, que en la socioformación es el desarrollo social sostenible.

Tabla 1. Ejemplos de competencias básicas

Campo	Ejemplos de competencias
Matemáticas	Aplica la estadística para tomar decisiones en la resolución de problemas teniendo como base el tipo de análisis requerido.
Comunicación	Utiliza el lenguaje oral y escrito para comunicarse con entendimiento en contextos sociales y culturales variados, empleando diferentes códigos y herramientas, en el marco de un proceso metacognitivo.

Referencia: Tobón (2013). Formación integral y competencias. Pensamiento complejo, currículo, didáctica y evaluación. 4ta. Ed. Bogotá: ECOE.

COMPETENCIAS BÁSICAS

Son las competencias que todas las personas precisan para su desarrollo personal, así como para ser ciudadanos activos e integrados en la sociedad.

Estas competencias se deben desarrollar en la educación básica y luego se siguen perfeccionando en la educación media y superior.

Ejemplos:

- Resolución de problemas de la vida con base en la aritmética.
- Resolución de problemas de la vida con base en la lectura y la escritura.
- Resolución de problemas de la vida cotidiana siguiendo las normas sociales y los valores de convivencia.

Referencia: Tobón (2014a)

COMPETENCIAS ESPECÍFICAS

Son competencias propias de una asignatura, área, campo o disciplina.

Tabla 2. Ejemplos de competencias específicas

Administración de empresas	1. Realiza análisis financieros para tomar decisiones y estructurar proyectos organizacionales y de inversión que apunten a generar beneficios sociales, organizacionales y financieros, acorde con el flujo de caja y las posibilidades del mercado. 2. Coordina los procesos administrativos de una organización para contribuir al logro de las metas organizacionales, con flexibilidad y siguiendo una visión compartida.

Referencia: Tobón (2014b)

COMPETENCIAS GENÉRICAS

Son competencias transversales y comunes a diversas áreas, campos, ocupaciones y profesiones que un país, una comunidad, una empresa o una organización social definen como esenciales. Complementan las competencias básicas. El mayor peso en la formación de las competencias genéricas está en la educación secundaria, media y superior, pero se siguen desarrollando durante toda la vida.

En la socioformación se proponen ocho competencias genéricas claves, las cuales pueden reducirse en función de las necesidades y retos en la formación.

1. Autogestión de la formación
2. Comunicación oral y escrita
3. Trabajo colaborativo y liderazgo
4. Gestión del conocimiento
5. Emprendimiento
6. Comunicación oral y escrita en una segunda lengua
7. Investigación
8. Gestión de la calidad

Referencia: Tobón (2014a)

COMPETENCIA GENÉRICA DE AUTOGESTIÓN DE LA FORMACIÓN

- Descripción:

Autogestiona la propia formación a lo largo de la vida, para alcanzar la realización personal y las metas establecidas, afrontando los retos del contexto y considerando las oportunidades.

- Explicación:

Consiste en que cada persona lidere su propia educación a lo largo de la vida, buscando los recursos más pertinentes para ello a través de instituciones educativas, centros de formación, libros, manuales, videos, audios, programas de multimedia u otras personas que sean expertas en el tema.

- Principales problemas a resolver:

1. ¿Cómo afrontar los retos continuos de actualización frente a los cambios tecnológicos, científicos y laborales?
2. ¿Qué estrategias implementar para tener una formación pertinente ante los cambios del contexto?

- Criterios esenciales:

1. Planifica su proceso de formación acorde con los retos del contexto y su proyecto ético de vida.
2. Busca los recursos necesarios para su formación, acorde con las posibilidades del contexto y sus necesidades.
3. Realiza los procesos de formación con perseverancia hasta alcanzar las metas.
4. Evalúa su formación y realiza acciones de mejoramiento de acuerdo con determinadas metas.

- Evidencias claves:

1. Documento con un plan de formación.
2. Documento con la planeación del proyecto ético de vida.
3. Constancias de los procesos de formación llevados a cabo.

Referencia: Tobón (2014a)

COMPETENCIA GENÉRICA DE COMUNICACIÓN ORAL Y ESCRITA

- Descripción:

Utiliza el lenguaje oral y escrito para comunicarse con entendimiento en contextos sociales y culturales variados, empleando diferentes códigos y herramientas, en el marco de un proceso metacognitivo.

- Explicación:

Consiste en resolver problemas de diferentes contextos mediante la comprensión y expresión de diferentes tipos de mensajes (escritos, orales o gráficos), mejorando de manera continua mediante la reflexión.

- Principales problemas a resolver:

1. ¿Cómo comunicarse en diferentes contextos utilizando los códigos apropiados?
2. ¿Qué herramientas aplicar para generar convivencia desde la comunicación?

- Criterios esenciales:

1. Identifica las ideas clave en un texto o discurso oral, e infiere conclusiones a partir de ellas.
2. Redacta informes en los cuales analiza procesos y situaciones de la vida, acorde con normas sintácticas y semánticas de la lengua.
3. Expresa ideas y conceptos de forma oral, logrando que las personas comprendan el mensaje que quiere trasmitir, y considerando los requerimientos comunicativos de cada situación.
4. Aplica distintas estrategias comunicativas, según quienes sean sus interlocutores, el contexto en el que se encuentra y los objetivos que persigue.
5. Se comunica con respeto y cordialidad con otras personas, considerando los retos de las diversas situaciones sociales.
6. Se comunica asertivamente manejando las diferentes situaciones comunicativas que se presentan, lo cual implica el abordaje proactivo de los conflictos.

- Evidencias claves:

1. Informe escrito sobre un problema del contexto.
2. Registro de una exposición en público.

3. Resumen y análisis de un discurso.
4. Registro de un sociodrama.

Referencia: Tobón (2014a)

COMPETENCIA GENÉRICA DE COMUNICACIÓN ORAL Y ESCRITA EN UNA LENGUA EXTRANJERA

- Descripción:

Emplea una lengua extranjera para comunicarse de forma oral y escrita, y tener posibilidades de interactuar con otras sociedades, considerando los criterios propios de dicha lengua, el compromiso ético, y los retos de cada situación y contexto.

- Explicación:

Consiste en resolver problemas de diferentes contextos mediante la comprensión y expresión de diferentes tipos de mensajes (escritos, orales o gráficos) en una lengua extranjera, mejorando de manera continua mediante la reflexión.

- Principales problemas a resolver:

1. ¿Realizar proyectos sociales, investigativos o económicos con personas que tienen otros idiomas y culturas?
2. ¿Cómo apropiarse de la información y del conocimiento en el mundo globalizado?

- Criterios esenciales:

1. Identifica las ideas clave en un texto o discurso oral en una segunda lengua, e infiere conclusiones a partir de ellas.
2. Redacta informes en una segunda lengua, en los cuales analiza procesos y situaciones de la vida, acorde con las normas sintácticas y semánticas de dicha lengua.
3. Expresa ideas y conceptos de forma oral en una segunda lengua, logrando que las personas comprendan el mensaje que se quiere trasmitir, y considerando los requerimientos comunicativos de cada situación.

4. Aplica distintas estrategias comunicativas en el marco de una segunda lengua, según quienes sean sus interlocutores, el contexto en el que se encuentra y los objetivos que persigue.
5. Se comunica en una segunda lengua con respeto y cordialidad con otras personas, considerando los retos de las diversas situaciones sociales.
6. Se comunica asertivamente en una segunda lengua, manejando las diferentes situaciones comunicativas que se presentan, lo cual implica el abordaje proactivo de los conflictos.

- Evidencias claves:

1. Informe escrito sobre un problema del contexto.
2. Registro de una exposición en público.
3. Resumen y análisis de un discurso oral.
4. Registro de un sociodrama.

Referencia: Tobón (2014a)

COMPETENCIA GENÉRICA DE TRABAJO COLABORATIVO Y LIDERAZGO

- Descripción:

Trabaja de manera colaborativa para lograr las metas de los proyectos, con planes de acción acordados, sinergia, metacognición y comunicación asertiva.

- Explicación:

Es resolver problemas mediante la unión de varias personas, buscando que cada una aporte lo mejor de sí para el logro de una meta en común y cumpla las responsabilidades contraídas, buscando el mejoramiento continuo tanto en las actividades como en el logro de los productos, con base en la expresión oral, escrita y corporal con respeto y amabilidad.

- Principales problemas a resolver:

1. ¿Cómo lograr la sinergia en un equipo, en el marco de demandas sociales y organizacionales?
2. ¿Qué mecanismos implementar para resolver los conflictos que se presentan en un equipo y generar acuerdos?

- Criterios esenciales:

1. Conceptualiza qué es el trabajo en equipo, sus características y responsabilidades, teniendo en cuenta los retos del contexto.
2. Comprende el proceso de planificación de actividades en equipo, de acuerdo con alguna metodología.
3. Participa en la realización de actividades conjuntas en un determinado equipo, con aceptación de las diferencias y comunicación asertiva, acorde con determinados objetivos.
4. Contribuye a que el equipo tenga una visión compartida y un claro programa de trabajo, participando en el análisis y resolución creativa de los conflictos.
5. Tiene sentido de reto para que el equipo alcance metas cada vez más elevadas, acorde con la visión compartida del equipo.
6. Coordina procesos de planeación y ejecución de actividades y proyectos, de acuerdo con los retos contextuales y el proyecto ético de vida.
7. Identifica dificultades en el trabajo en equipo, y propone soluciones claras y factibles, asumiendo su responsabilidad para superar dichas dificultades.
8. Tiene compromiso ético en el trato con las personas, de acuerdo con los valores universales.
9. Se relaciona con los demás mediante la comunicación asertiva.

- Evidencias claves:

1. Cartografía conceptual del trabajo colaborativo.
2. Plan de trabajo elaborado en equipo.
3. Informe de actividades elaboradas en equipo.
4. Registro de metas alcanzadas por el equipo.
5. Informe de resolución de conflictos.
6. Registro de un sociodrama.

Referencia: Tobón (2014a)

COMPETENCIA GENÉRICA DE GESTIÓN DEL CONOCIMIENTO

- Descripción:

Gestiona el conocimiento para resolver problemas del contexto indagando en diferentes fuentes y empleando las tecnologías de la información y la comunicación.

- Explicación:

Consiste en buscar, procesar, adaptar y aplicar el conocimiento en la resolución de problemas, teniendo como base fuentes confiables.

- Principales problemas a resolver:

1. ¿Qué herramientas emplear para generar conocimiento a partir de la información?
2. ¿Cómo contextualizar el conocimiento para resolver los problemas locales?

- Criterios:

1. Identifica los requerimientos de información y de conocimiento en el contexto, de acuerdo con una determinada meta.
2. Procesa la información y el conocimiento mediante la utilización del computador a nivel de usuario.

3. Realiza actividades colaborativas mediante el uso de Internet (correo electrónico, chat, videochat, páginas web, etc.), y de la telefonía fija y móvil.
4. Interpreta la información de acuerdo con determinados referentes conceptuales y contextuales.
5. Analiza los procesos contextuales de forma sistémica, y tiene esto en cuenta en el abordaje de las actividades y problemas.
6. Procesa la información con base en una determinada metodología, las metas establecidas, las tecnologías de la información y la comunicación, y el compromiso ético.
7. Argumenta la forma de abordar las actividades y problemas del contexto, considerando determinados saberes.
8. Propone soluciones sistémicas a los problemas a partir del análisis de la información y de determinados saberes.

- Evidencias claves:

Informe del procesamiento, interpretación, argumentación y resolución de un problema del contexto, aplicando las tecnologías de la información y la comunicación.

Referencia: Tobón (2014a)

COMPETENCIA GENÉRICA DE EMPRENDIMIENTO

Descripción:

Ejecuta proyectos para resolver problemas del contexto, con perseverancia, hasta alcanzar las metas propuestas, teniendo en cuenta las oportunidades establecidas.

Explicación:

Consiste en planear, ejecutar y evaluar proyectos en diferentes áreas hasta lograr un determinado producto, gestionando los saberes y recursos necesarios.

Principales problemas a resolver:

1. ¿Cómo lograr que los proyectos se mantengan en el tiempo y se afronten estratégicamente las dificultades?
2. ¿Cómo convertir las dificultades y amenazas en oportunidades para realizar proyectos de emprendimiento?
3. ¿Cómo lograr que los proyectos de emprendimiento se basen en el proyecto ético de vida y en el afrontamiento de los retos del contexto?

Criterios:

1. Identifica problemas en el contexto, y los convierte en oportunidades para establecer nuevos proyectos sociales o económicos pertinentes.
2. Diseña proyectos con creatividad e innovación, acorde con los requerimientos del contexto.
3. Implementa las acciones de los proyectos teniendo en cuenta las metas propuestas, el proceso administrativo definido y las condiciones del entorno.
4. Saca adelante los proyectos con perseverancia y afrontando estratégicamente las dificultades.
5. Actúa éticamente en los procesos de emprendimiento, considerando los diversos retos del contexto.

Evidencias claves:

1. Informe con la planeación de un proyecto de emprendimiento.
2. Informe de ejecución de un proyecto de emprendimiento.
3. Registro de socialización de un proyecto de emprendimiento.

Referencia: Tobón (2014a)

COMPETENCIA GENÉRICA DE INVESTIGACIÓN

- Descripción:

Resuelve problemas del contexto mediante una determinada metodología de investigación, para generar conocimiento y actuar con mayor impacto en la realidad, considerando los saberes acumulados, el trabajo colaborativo y el compromiso ético.

- Explicación:

Consiste en ampliar, generar o mejorar el conocimiento en torno a un problema siguiendo el método científico, el cual se compone de elementos tales como: observación, planteamiento de hipótesis, experimentación y teorización.

- Principales problemas a resolver:

1. ¿Cómo generar conocimiento y/o nuevas metodologías, para responder a problemas disciplinares, profesionales, sociales, ambientales, empresariales o económicos?
2. ¿Cómo trabajar de manera colaborativa para tener impacto en la investigación?

- Criterios:

3. Argumenta los diferentes componentes del concepto de investigación, dando cuenta de la ejemplificación, noción, categorización, características centrales, diferencias, división, vinculación, metodología, etc.
4. Planifica un proyecto de investigación (o de intervención con un componente investigativo), acorde con una determinada problemática y metodología de presentación de proyectos.
5. Ejecuta un proyecto de investigación, abordando de forma proactiva y estratégica las dificultades que se presentan en el proceso, haciendo adaptaciones oportunas, acorde con los resultados esperados.
6. Sistematiza la información aportada por el proyecto bajo un determinado método, acorde con los objetivos y metodología del mismo proyecto.

7. Socializa los resultados de la investigación mediante diferentes estrategias (ponencias, videos, artículos, libros, etc.), dando cuenta del problema, de la metodología, de los resultados y de las conclusiones alcanzadas.
8. Actúa éticamente en todas las etapas del proceso investigativo, acorde con la naturaleza del proyecto, los códigos de ética de la investigación y la antropoética.

Evidencias claves:

1. Informe de la cartografía conceptual de un proyecto de investigación.
2. Informe de la planeación completa de un proyecto de investigación.
3. Informe de la ejecución de un proyecto de investigación.

COMPETENCIA GENÉRICA DE GESTIÓN DE LA CALIDAD

- Descripción:

Gestiona la calidad de los procesos y productos de un proyecto para generar el mayor grado de satisfacción posible y pertinencia a nivel interno y externo, considerando los máximos estándares en el contexto.

- Explicación:

Consiste en lograr que los servicios y productos cumplan con unos determinados estándares o indicadores previamente identificados y acordados en el área, buscando el mayor grado posible de satisfacción en los usuarios.

- Principales problemas a resolver:

¿Cómo generar una cultura de la calidad y mantenerla mediante acciones colaborativas, para lograr las metas con alto grado de pertinencia, equidad, eficacia y eficiencia?

- Criterios:

1. Determina los criterios que han de tenerse en cuenta en la gestión de la calidad organizacional, acorde con las metas de la organización y las normas vigentes.
2. Se automotiva en torno a la gestión de la calidad, lo que le permite realizar las actividades con dedicación, perseverancia y la calidad esperada.
3. Planifica procesos de gestión de la calidad, considerando el contexto organizacional y los criterios establecidos.
4. Ejecuta acciones concretas de mejoramiento de la calidad en un determinado proceso organizacional, haciendo adaptaciones oportunas y considerando los resultados esperados.
5. Actúa de acuerdo con el código de ética en el campo de la gestión de la calidad, teniendo como base la reflexión metacognitiva.
6. Evalúa la gestión de la calidad con base en determinados criterios.

- Evidencias claves:

Informe de aseguramiento de la calidad en una actividad o proyecto, indicando el cumplimiento de criterios o estándares y las acciones de mejoramiento implementadas.

Referencia: Tobón (2014a)

3.1.2 ÁREAS DE DESEMPEÑO

Son los campos en los cuales actúan las personas y ponen en acción sus competencias. Equivalen a los dominios de competencia o competencias globales.

Cuando se tienen muchas competencias en un perfil de egreso, a veces ayuda agruparlas en áreas de desempeño para facilitar su organización y formación.

Tabla 3. Ejemplos de dominios de competencias

Carrera	Áreas de desempeño	Competencias
Medicina	1. Prevención y promoción de la salud	1.1 Gestiona proyectos de promoción de la salud que contribuyan a elevar la calidad de vida personal y social con sustentabilidad ambiental, perseverancia y aplicación de metodologías sistémicas. 1.2. Aplica las tecnologías de la información y la comunicación para prevenir las enfermedades y promocionar la salud, acorde con los recursos tecnológicos existentes en la comunidad y los retos del contexto.
	2. Investigación	2.1 Ejecuta proyectos de investigación en el área de la salud para generar conocimiento en el área y contribuir a la calidad de vida de las personas, considerando los saberes acumulados, el trabajo colaborativo y el compromiso ético.
		2.2 Aplica la estadística para producir conocimiento científico en el área de la salud acorde con un determinado problema y metodología de investigación.

Referencia: Tobón, Sergio (2013). Formación integral y competencias. Pensamiento complejo, currículo, didáctica y evaluación. 4ta. Ed. Bogotá: ECOE.

3.1.3 RESULTADOS DE APRENDIZAJE O APRENDIZAJES CLAVE

Los resultados de aprendizaje o aprendizajes clave son metas concretas que se esperan en la formación integral y en el desarrollo del talento, a través de la actuación ante problemas del contexto, considerando el saber conocer, el saber hacer, el saber ser y el saber convivir. Describen las actuaciones concretas que se esperan en las personas como producto de procesos de formación mediadas por otros en entornos con sentido.

Desde la socioformación, los resultados de aprendizaje se establecen considerando los diferentes procesos de la mediación y actuación, tales como:

1. Sensibilización y metas
2. Conceptualización
3. Resolución de los problemas
4. Valores y proyecto ético de vida
5. Colaboración con otros
6. Comunicación asertiva
7. Creatividad, personalización e innovación
8. Transversalidad y transferencia
9. Gestión de recursos
10. Valoración metacognitiva

En la Tabla 4 se describen ejemplos de resultados de aprendizaje para cada uno de estos 10 procesos de actuación y mediación en la socioformación. Esto debe tomarse como una orientación flexible y abierta para ayudar en la planificación didáctica.

Tabla 4. Procesos para determinar los resultados de formación (resultados de aprendizaje)

No.	Proceso	Descripción	Algunos verbos de apoyo	Ejemplos generales de resultados de aprendizaje
1	Sensibilización y visualización	Comprende y se apropia de las metas a lograr en la resolución de los problemas, ejecutando acciones puntuales para lograrlas.	Atiende, codifica, direcciona, disfruta, observa, ordena, percibe, persevera, prefiere, procesa, proyecta, quiere, (se) concentra, (se) interesa, (se) motiva, (se) apropia, sensibiliza, termina, tolera, visualiza	• Autoevalúa sus saberes previos frente al abordaje de una meta o problema e implementa acciones de formación continua. • Persevero en la culminación de un proyecto hasta resolver el problema planteado y lograr las metas establecidas. • Ejecuto estrategias para autoevaluar el logro de las metas e implementar acciones de mejoramiento que me lleve a lograrlas. • Proceso la información de una actividad para la toma de decisiones, siguiendo una determinada metodología. • Termino un proyecto y lo socializo, de acuerdo con unas determinadas metas. • Tolero las situaciones de incertidumbre y las afronto con actividades. • Visualizo las metas a lograr e identifico los productos a obtener en un determinado proyecto.
2	Conceptualización	Gestiona y co-crea el conocimiento a partir de fuentes rigurosas con el fin de comprender, argumentar y establecer el proceso para resolver los problemas, con apoyo en organizadores gráficos.	Busca (información), caracteriza, categoriza, clasifica, compara, co-crea (conocimiento), conceptualiza, define, determina, diferencia, ejemplifica, identifica, indaga, justifica (el concepto), procesa (información),organiza (el conocimiento) recupera, relaciona, subdivide, sistematiza	• Busco información en fuentes rigurosas y la organizo para comprender y explicar un problema. • Co-creo conocimiento para lograr una meta o resolver un determinado problema con apoyo en fuentes rigurosas. • Explico los conceptos esenciales para realizar una actividad o resolver un problema, con apoyo en fuentes rigurosas. • Ejemplifico un concepto o teoría con base en una situación o problema del contexto. • Organizo el conocimiento sobre un fenómeno o problema siguiendo una determinada metodología o categorías de análisis con el fin de tomar una decisión.

No.	Proceso	Descripción	Algunos verbos de apoyo	Ejemplos generales de resultados de aprendizaje
3	Resolución de los problemas	Identifica, interpreta, argumenta y resuelve un problema del contexto	Subproceso: identificación, interpretación y argumentación del problema analiza, argumenta, comprende, contextualiza, deduce, demuestra, diagnostica, explica, identifica, interpreta, justifica (el problema), resume, sintetiza	• Identifico un problema en el contexto de acuerdo con unas determinadas metas o conceptos. • Diagnostico el entorno e identifico un problema con base en una determinada metodología. • Interpreto un problema del contexto con base en conceptos, teorías o metodologías que posean respaldo en la literatura académica o científica. • Explico un problema considerando las causas y consecuencias a partir de conceptos, teorías o metodologías de fuentes rigurosas. • Sintetizo el análisis de un problema para tomar una determinada decisión respecto a su abordaje.
			Subproceso: resolución del problema. aplica, construye, controla, desarrolla, desempeña, diseña, edifica, efectúa, ejecuta, elabora, empieza, emplea, emprende, fabrica, forma, hace, implementa, labora, maneja, manipula, mejora, opera, planifica, produce, programa, propone, proyecta, recoge, registra, representa (una situación o problema), resuelve, usa, utiliza	• Construyo varias opciones para resolver un problema considerando sus componentes, causas y efectos. • Propongo varias soluciones para resolver un problema considerando al menos los siguientes componentes en cada opción: recursos, talento humano, tiempo y complejidad de la opción. • Planifico la resolución de un problema a partir del análisis de la mejor opción, con apoyo en un cronograma. • Resuelvo un determinado problema considerando el contexto, un plan de acción flexible y el mejoramiento continuo.

No.	Proceso	Descripción	Algunos verbos de apoyo	Ejemplos generales de resultados de aprendizaje
5	Colaboración	Trabaja con otros en el logro de una meta común a través de un plan de acción acordado y el complemento de las fortalezas de todos.	acompaña, aconseja, acuerda, anima, asesora, asiste, ayuda, capacita, colabora, comparte, complementa, coordina, dialoga, dirige, lidera, interactúa, motiva, negocia, orienta, participa, reta, (se) integra, socializa, tolera (a otros), tutela	• Acuerdo con otras personas una meta y un plan de acción a llevar a cabo para resolver un problema, considerando los retos del entorno. • Asesoro a otros en la realización de actividades para lograr una meta con impacto, tomando como base la autoevaluación y la coevaluación. • Colaboro con otras personas en el logro de una meta para resolver un problema, articulando las fortalezas propias con las de los demás. • Construyo con otras personas una visión compartida para resolver un determinado problema o lograr unas metas, con base en un plan de acción acordado. • Interactúo con otros para generar relaciones humanas positivas considerando las metas del trabajo colaborativo.
6	Comunicación asertiva	Se comunica con otros de manera clara, directa, amable y respetuosa buscando generar relaciones humanas que ayuden a lograr las metas y resolver los problemas.	anuncia, avisa, comenta, comunica, conversa, dialoga, dice, diserta, divulga, escribe, escucha, expresa, informa, manifiesta, notifica, publica, redacta, retroalimenta	• Dialogo con otras personas para resolver los conflictos por medio de la escucha y los acuerdos sobre lo fundamental, considerando la valoración de la cada situación. • Escucho a los demás para comprender su posición frente a un tema o problema, con el fin de llegar a un acuerdo. • Expreso un determinado mensaje con claridad, cordialidad y respecto a los demás, teniendo en cuenta los retos del entorno. • Retroalimento a los demás frente a los procesos, logros y aspectos a mejorar con respeto y cordialidad, considerando la situación contextual.

No.	Proceso	Descripción	Algunos verbos de apoyo	Ejemplos generales de resultados de aprendizaje
7	Creatividad, personalización e innovación	Crea, personaliza e innova ideas, productos o servicios	acomoda, adapta, crea, genera, innova, personaliza, reconstruye, recrea	• Adapto conceptos, procedimientos, productos y/o servicios a un determinado contexto con el fin de resolver un problema. • Creo conceptos, teorías, enfoques, procedimientos, productos y/o servicios de acuerdo con los retos del entorno. • Innovo conceptos, teorías, procedimientos, productos y/o servicios para abordar un determinado proceso o problema considerando los retos del entorno. • Personalizo procedimientos, productos y/o servicios para el abordaje de un problema considerando los retos del entorno.
8	Transversalidad y transferencia	Transversaliza el abordaje de un problema mediante la articulación de saberes de diferentes disciplinas, áreas o campos. Transfiere los aprendizajes en torno al abordaje de un problema a otros contextos, considerando diferentes saberes, disciplinas, áreas o campos.	armoniza, articula, enseña (a otros), pasa, relaciona, trabaja (desde la multi, inter o transdisciplinariedad), transfiere, trasmite, transversaliza, traspasa, vincula	• Articulo saberes de varias disciplinas, ciencias, áreas o campos en el análisis y resolución de un determinado problema, considerando fuentes rigurosas. • Trabajo de manera interdisciplinaria en el análisis y resolución de un problema con base en fuentes rigurosas. • Trabajo de manera transdisciplinaria en el análisis y solución de un problema considerando los retos del entorno. • Transfiero conceptos, teorías y/o procedimientos de un entorno a otro para el abordaje de una situación o problema, considerando una determinada meta.

No.	Proceso	Descripción	Algunos verbos de apoyo	Ejemplos generales de resultados de aprendizaje
9	Gestión de recursos	Gestiona los recursos necesarios para resolver un problema o lograr una meta.	acondiciona, adapta (recursos), adecua, amolda, busca (recursos), cuadra, escudriña, explora, gestiona (recursos), organiza, (tiene) recursividad	• Identifico los recursos necesarios para resolver un problema, considerando el entorno. • Diagnostico los recursos necesarios para lograr unas determinadas metas considerando la resolución de un problema. • Busco los recursos necesarios para resolver un determinado problema, considerando las posibilidades del entorno. • Adapto recursos para lograr unas determinadas metas, teniendo como base el diagnóstico de necesidades. • Creo recursos para abordar una situación o resolver un problema, considerando las posibilidades del entorno y las necesidades establecidas.
10	Valoración metacognitiva	Implementa la evaluación socioformativa para generar mejoras e innovaciones en la resolución de problemas	autoevalúa, autoexamina, autorregula, autovalora, comprueba, covalora, evalúa, heterovalora, intervalora, mejora, metaevalúa, sociovalora	• Autoevalúo mi desempeño en el abordaje de una situación o problema considerando unas determinadas metas. • Covaloro el desempeño de otros con base en unos determinados criterios, les doy retroalimentación de los logros y aspectos a mejorar, y les apoyo de manera continua en el mejoramiento. • Mejoro mi desempeño en una situación o problema con base en la autoevaluación continua hasta lograr una determinada meta o cumplir con el nivel mínimo esperado.

3.1.4 PROBLEMA DEL CONTEXTO

Un problema del contexto consiste en el reto de transformar una situación dada en una situación ideal o esperada, en un entorno con sentido para las personas y la sociedad, con análisis crítico, articulación de saberes y la obtención de un producto. En otras palabras, son necesidades que requieren ser comprendidas, explicadas y/o resueltas a través del pensamiento complejo, con apoyo en la colaboración. En los procesos de formación, los problemas deben articularse a las metas establecidas.

Las necesidades pueden ser:

1. Vacíos
2. Dificultades
3. Bloqueos
4. Conflictos o contradicciones
5. Falta de algo
6. Reto de mejorar, crear o innovar algo

Los problemas del contexto deben poseer las siguientes características:

1. Abordar un entorno con sentido y significado. Este entorno puede ser: real o ficticio; del presente, del pasado o del futuro; local, regional o global.
2. Requerir el análisis para poder interpretar, argumentar y/o resolver la necesidad planteada.
3. Considerar el paso de una situación dada a una situación ideal o esperada.
4. Tener en cuenta la colaboración en algún momento del proceso.
5. Determinar la posibilidad de varias opciones para interpretar, argumentar y resolver la necesidad.
6. Buscar el mejoramiento continuo.
7. Se establecen, generalmente, mediante la observación, registro, análisis o estudio de un determinado entorno.

Los problemas del contexto se diferencian de:

- Ejercicios: son actividades mecánicas que siguen un procedimiento definido. Ejemplo: resolver una ecuación en matemáticas.
- Tareas: son acciones concretas para lograr un objetivo muy específico; no implican resolver necesidades ni aplicar el pensamiento analítico. Ejemplo: identificar la idea principal de un párrafo.

Ejemplos de actividades cotidianas que se consideran problemas sin serlo:

1. Hacer operaciones con números sin una meta y contexto.
2. Resolver ecuaciones matemáticas sin una necesidad o contexto significativo.
3. Escribir una síntesis de un texto.
4. Leer un párrafo en voz alta.
5. Realizar análisis químicos sin una necesidad o entorno.
6. Ejecutar una reacción química en el laboratorio para identificar un concepto químico, sin una necesidad contextual de base.
7. Responder una pregunta conceptual. Por ejemplo: ¿Qué es la energía y cuáles son los tipos de energía?

Ejemplos de problemas del contexto:

1. Falta de estrategias de prevención de desastres naturales en las zonas residenciales y hogares, que dificulta la actuación oportuna y segura en caso de emergencias.
2. Alimentación poco balanceada que genera desnutrición y altos índices de obesidad en los niños y jóvenes.
3. Falta de actividades recreativas y deportivas en los adultos, lo cual genera problemas de salud por el sedentarismo.
4. Conflictos en las comunidades por el uso de espacios recreativos y comunitarios con diversos propósitos, sin acuerdos básicos.

5. Violencia intrafamiliar que genera baja calidad de vida y dificultades emocionales en los integrantes.

Ejemplo en el área de ciencias:

La contaminación ambiental está en aumento y está produciendo cambios en los ecosistemas que amenazan la desaparición de un importante número de especies. Por ejemplo, se registra un importante deshielo de los polos que está aumentando el nivel del mar. ¿Cómo lograr la sostenibilidad ambiental en el colegio mediante el trabajo colaborativo y la metacognición?

Asignaturas que se vinculan para resolver este problema:

Formación Cívica y Ética, Matemáticas, Español, Inglés, Química, Física, Ciencias Sociales y Educación Física.

Referencia: Tobón, Sergio (2013). Formación integral y competencias. Pensamiento complejo, currículo, didáctica y evaluación. 4ta. Ed. Bogotá: ECOE.

3.1.5 CONTEXTO

El contexto es un concepto fundamental en el talento humano y en la socioformación. Se define como el entorno, área, campo o situación o momento que rodea y le da sentido a un problema.

- Tipos de contexto:

1. Reales o imaginarios
2. Del presente, del pasado o del futuro
3. Locales, nacionales, del extranjero o globales
4. Disciplinares, interdisciplinares y transdisciplinares
5. Sociales, culturales, comunitarios, organizacionales, económicos, políticos, ambientales, industriales, deportivos, tecnológicos, recreativos, de salud, educativos, de salud, arquitectónicos, históricos, etc.

Un problema puede tener uno o varios contextos.

Tabla 5. Ejemplos de contextos

Problemas	Contextos
1. Muchos proyectos industriales fracasan por falta de gestión de recursos y trabajo colaborativo. Meta: generar un proyecto industrial que tenga continuidad afrontando las dificultades, con gestión de los recursos necesarios y trabajo colaborativo.	Industria
2. La obesidad en niños, jóvenes y adultos está en aumento en México. Meta: ¿Cómo lograr una alimentación saludable aplicando las contribuciones filosóficas de Kant?	Alimentación saludable

3.1.6 PRODUCTOS (EVIDENCIAS)

Los productos, en la socioformación, son flexibles y más amplios que el concepto tradicional de evidencias. Dan cuenta del proceso y resultados obtenidos en la identificación, interpretación, argumentación y resolución de un determinado problema del contexto, y dan cuenta de aspectos concretos como también del proceso seguido para lograrlos. Son de diversos tipos, como documentos, informes, registros, observaciones, testimonios, análisis de casos, exposiciones, prácticas, juegos de roles, sociodramas, realización de actividades, etc. No necesariamente son objetos ni servicios.

Tabla 6. Ejemplos de productos (evidencias)

Resultado de aprendizaje	Ejemplos de productos (evidencias)
Elabora un diseño gráfico digital para describir la resolución de un problema del contexto.	Banners con el anuncio de un producto o evento -Videos sobre servicios o productos -Carteles sobre servicios o productos -Imágenes animadas sobre diferentes temas -Portafolio digital de servicios de una empresa
Ejecuta un proyecto con base en la colaboración con otras personas.	Registro de trabajo colaborativo -Registro de conflictos resueltos en equipo -Registro del apoyo a los integrantes -Registro del logro de metas e impacto de la colaboración

3.1.7 INDICADORES O CRITERIOS

Son pautas y parámetros para orientar la formación y valoración del desempeño en una determinada competencia. Se establecen para un grado escolar, para un semestre o para un periodo académico. Los estándares son criterios más globales definidos para grupos de grados, que son ampliamente acordados y validados en una comunidad organizacional, académica y/o profesional amplia, en un contexto regional, nacional o internacional amplio.

En el enfoque socioformativo, los criterios, los resultados de aprendizaje y los logros son sinónimos.

Ejemplo de criterio en la competencia de trabajo en equipo: "Respeta las diferencias entre los integrantes del equipo, así como las opiniones que se planteen, con tolerancia y proactividad".

Referencia: Tobón, Sergio (2013). Formación integral y competencias. Pensamiento complejo, currículo, didáctica y evaluación. 4ta. Ed. Bogotá: ECOE.

3.2 GESTIÓN DEL TALENTO HUMANO

La gestión del talento humano se refiere a generar las acciones necesarias para que la sociedad, las organizaciones y las personas trabajen en el desarrollo continuo del talento y lo apliquen en el logro de unas determinadas metas organizacionales, la consecución de objetivos socioeconómicos, el mejoramiento de la calidad de vida, el fortalecimiento de la convivencia, la realización personal y el aseguramiento de la sostenibilidad ambiental. Por consiguiente, no es solamente formar el talento sino también trabajar para que se aplique y contribuya a mejorar el entorno en interacción con otros.

La gestión del talento humano busca el desarrollo de las potencialidades (procedimentales, cognitivas, afectivas, etc.) en las comunidades, organizaciones, equipos, programas y personas, con el fin de resolver los problemas en entorno local, con una visión regional y mundial, mediante el trabajo colaborativo y en red. Por consiguiente, se trata de un proceso que le compete a toda la sociedad, no solo a las instituciones educativas u organizaciones, tal y como se abordado en las últimas dos décadas. Implica acciones tanto organizacionales como enfocadas a las personas y a los equipos de trabajo.

Plano social: es indispensable que se construya y fortalezca día a día una visión clara del desarrollo social sostenible mediante un amplio acuerdo en la política, las empresas, las organizaciones sociales, las instituciones educativas y las comunidades, con acciones concretas y continuas que contribuyan a lograr dicha visión.

Organizaciones: deben enfocarse en tener una visión compartida sólida en la que se enfoquen en servir a la comunidad, además de buscar el logro de metas particulares, trabajando con ética y el mejoramiento continuo en todas las acciones, tanto a nivel interno como en la relación con otras organizaciones y los usuarios. Les compete, además, gestionar los espacios, recursos y procesos que aseguren el desarrollo continuo continuo de las personas a partir de la visión compartida.

Equipos: deben trabajar de manera colaborativa buscando un mayor impacto en la resolución de los problemas que el que podría tenerse de manera individual, con acciones que incluyan a todos los integrantes para el logro de metas comunes, con coevaluación de las actividades y formación continua para afrontar los retos que van surgiendo.

Personas: es necesaria la focalización en la resolución de problemas del entorno mediante la aplicación de los valores universales, la gestión del conocimiento en diversas fuentes y la articulación de saberes, buscando la formación continua, con el fin de contribuir al logro de la visión compartida de la sociedad, las organizaciones y los equipos de trabajo, con sostenibilidad ambiental.

3.3 EJES BÁSICOS DE LA GESTIÓN DEL TALENTO HUMANO

La gestión del talento humano, desde la socioformación, comprende los siguientes ejes básicos:

1. Trabajo colaborativo y en red. Comprende la apropiación de una visión compartida en la cual todos trabajen en su logro con acciones concretas y el mejoramiento continuo, como también el trabajo con base en proyectos que articulen las actividades de diferentes integrantes.
2. Reclutamiento, selección e inducción de personas. Se refiere al proceso por medio del cual se buscan las personas con una serie de características mínimas en función de unos determinados retos

o problemas, se identifica cuáles cumplen con estas características y se les acompaña en su integración al trabajo colaborativo hasta que logren articularse a las acciones previstas y puedan comenzar a contribuir en el logro de las metas.

3. Formación continua. Consiste en apoyar a las personas para que estén en un proceso continuo de formación, considerando los problemas y retos del equipo donde están.
4. Evaluación de desempeño. Es valorar los logros y necesidades de mejoramiento de las personas y equipos de trabajo para valorar los avances e implementar acciones de apoyo.
5. Reconocimiento y promoción. Se valoran los logros de los equipos y personas, como también se les brindan nuevas responsabilidades en función de estos.
6. Estas acciones pueden implementarse en toda comunidad, organización o equipo para gestionar el talento y poder lograr impacto en la resolución de problemas del entorno a través de metas a corto, mediano y largo plazo. En este sentido, pueden abordarse en una empresa, universidad, institución educativa o equipo de trabajo.

3.4 FORMACIÓN INTEGRAL

En la socioformación, la formación integral consiste en el proceso por medio del cual las personas desarrollan y mejoran continuamente su actuación para contribuir tanto al desarrollo social sostenible, la calidad de vida y la convivencia, como también a la realización personal y a la sostenibilidad ambiental, articulando las habilidades, los conocimientos y las actitudes a partir de los valores universales (responsabilidad, respeto, honestidad, equidad, promoción de la vida, solidaridad, etc.). En este sentido, es ante todo un proceso social que se lleva a cabo mediante la colaboración y la resolución de problemas cada vez más retadores, con base en la evaluación.

La formación integral, en la socioformación, trasciende el concepto de aprendizaje, el cual se ha tendido a conceptualizar como un cambio conductual, cognitivo o emocional que tienen las personas a partir de la interacción con el entorno. La formación integral implica cambios en estos aspectos, pero los trasciende porque se enfoca en que las personas, en su entorno social, desarrollen las dimensiones necesarias para mejorar las condiciones de vida y trabajen en su propia realización personal considerando el ambiente. En este sentido, por ejemplo, no hay formación integral sino se trabaja en ayudarles a los demás a ser mejores y tener mayor bienestar. La formación integral, en la socioformación, se aborda trabajando desde lo comunitario, lo organizacional, los equipos y las personas en resolver problemas tales como la pobreza, la violencia, el racismo, la discriminación, la falta de prevención de los desastres naturales, la falta de solidaridad ante las crisis, el desempleo, la falta de vivienda digna, la baja calidad de los servicios públicos como el agua, la energía eléctrica, la recolección de basuras, etc. Para ello, se abordan los siguientes ejes: el proyecto ético de vida, la colaboración, el pensamiento complejo, la gestión del conocimiento y la metacognición.

El proceso de formación integral se orienta con base en niveles de dominio que abordan el proceso mediante el cual las organizaciones, programas, equipos y personas van logrando el desarrollo del talento, dentro del cual se encuentran las competencias básicas, genéricas y específicas. Se consideran cinco niveles de dominio: preformal, receptivo, resolutivo, autónomo y estratégico, los cuales se formularon a partir de los retos de desarrollo de Latinoamérica, teniendo como referencia el pensamiento complejo. El nivel ideal a lograr es el estratégico, que implica trabajar de manera inter y transdisciplinaria vinculando diferentes saberes y caminos que lleven a la región hacia el desarrollo sostenible a partir del fortalecimiento del tejido social.

REFERENCIAS

Morin, E. (1992). El Método IV: Las ideas. Madrid: Cátedra.

Morin, E. (1994). Introducción al pensamiento complejo. Barcelona: Gedisa.

Morin, E. (2002). Los siete saberes necesarios para la educación del futuro. Buenos Aires: Nueva Visión.

Tobón, S., Guzmán, C. E., Hernández, J. S., & Cardona, S. (2015). Sociedad del conocimiento: Estudio documental desde una perspectiva humanista y compleja. Paradigma, 36(2), 7-36. Recuperado de 2017 http://www.scielo.org.ve/scielo.php?script=sci_arttext&pid=S1011-22512015000200002&lng=es&tlng=es.

Tobón, S., Gonzalez, L., Nambo, J. S., & Vazquez Antonio, J. M. (2015). La Socioformación: Un Estudio Conceptual. Paradigma, 36(1), 7-29. Recuperado de http://www.scielo.org.ve/scielo.php?script=sci_arttext&pid=S1011-22512015000100002&lng=es&tlng=es.

Tobón, S. (2017a). Pensamiento Complejo: Evaluación y Estrategias de Formación. Mount Dora: Kresearch.

Tobón, Sergio (2017b). El proyecto ético de vida desde la socioformación. México: FISOD.

CAPÍTULO 4

TAXONOMÍA SOCIOFORMATIVA

CONTENIDO

INTRODUCCIÓN

La taxonomía es la disciplina o área que analiza los métodos, reglas y referentes para llevar a cabo la clasificación de diferentes procesos estableciendo un orden. En el campo educativo, se refiere a la clasificación ordenada y jerarquizada de los procesos de aprendizaje a partir de unos determinados elementos teóricos. Debe tomarse solo como un apoyo flexible para que los investigadores, directivos y docentes planifiquen, ejecuten y aborden los procesos de formación.

Las taxonomías son esenciales para orientar y ordenar los procesos curriculares, la planeación didáctica, la mediación del aprendizaje, la gestión de recursos y la evaluación. Posibilitan clarificar y determinar las metas de formación en las planeaciones didácticas y en el proceso de mediación, como también orientar el diseño de los instrumentos de evaluación, con énfasis en una serie de dimensiones fundamentales.

Las taxonomías tradicionales en el campo de la formación, como por ejemplo la taxonomía de Bloom, de Gadné o de Anderson, se basan esencialmente en una concepción lineal y rígida de los niveles de formación, en el marco de la sociedad industrial. No abordan los procesos metacognitivos, la colaboración, la vinculación ni la transversalidad. Esto sí ocurre con las taxonomías más recientes, como la de Marzano o la socioformativa. En el presente capítulo se busca lograr las siguientes metas: 1) comprender las características de las taxonomías actuales del aprendizaje; 2) identificar sus elementos diferenciadores de las diferentes taxonomías; y 3) aclarar la aplicación de las taxonomías en la gestión del talento, las organizaciones y los programas de formación.

4.1 IMPORTANCIA DE LAS TAXONOMÍAS EN LA GESTIÓN DEL TALENTO HUMANO

1. Las taxonomías del aprendizaje son relevantes por las siguientes razones:
2. Brindan reglas o elementos para clasificar los procesos de aprendizaje de acuerdo con una determinada teoría.
3. Permiten establecer los resultados de aprendizaje de acuerdo con unas determinadas dimensiones esenciales y orientan sobre cómo redactar dichos resultados.

4. Clarifican los niveles en los cuales puede presentarse el aprendizaje, para apoyar a los estudiantes en el logro de metas cada vez más elevadas en su formación. En este sentido, ayudan a orientar las expectativas frente a la formación y esto promueve el desarrollo del talento.
5. Permiten tener claridad sobre cómo plantear las actividades didácticas, con el fin de que aborden los niveles de aprendizaje esperados en sus diferentes niveles.
6. Posibilitan establecer resultados de aprendizaje para orientar los procesos de formación y evaluación, posibilitando un norte y orientaciones puntuales tanto para los docentes como para los estudiantes.
7. Ayudan a construir los instrumentos de evaluación estableciendo niveles de dominio o de dominio, como por ejemplo las rúbricas y las escalas de estimación.
8. Permiten elaborar indicadores o criterios para evaluar con mayor pertinencia la formación.
9. Facilitan la organización de los espacios curriculares, materias o módulos, para que tengan un orden lógico.
10. Facilitan comprender en qué momento educativo se encuentra una persona y a donde puede llegar a partir de las actividades de aprendizaje y evaluación.

4.2 NIVELES DE DOMINIO

Son los diferentes grados o ámbitos de complejidad en los cuales se va desarrollando desde lo más sencillo a lo más complejo. La complejidad está dada por el número y tipo de relaciones entre los elementos, factores o componentes de un sistema. Se relaciona con la amplitud, la profundidad y la familiaridad. Todos estos aspectos son considerados en las nuevas taxonomías del aprendizaje.

A medida que se avanza de un nivel a otro, aumentan los retos que debe afrontar la persona, los saberes y sus formas de articulación. En los niveles más elevados, por ejemplo, la persona demuestra que resuelve situaciones articulando diversos saberes, con un nivel profundo de comprensión y conceptualización.

Las taxonomías tradicionales como las de Bloom (1956) o Gagné (1977) son más generales, se centran en contenidos y no abordan con detalle la complejidad de los resultados de aprendizaje, considerando ejes de gran importancia en la actualidad como la metacognición, la articulación de saberes y la innovación. Las nuevas taxonomías, aunque se apoyan en verbos, ya no los consideran como centrales.

Aunque Anderson et al (2001) presentan una revisión de la taxonomía de Bloom, es preciso iniciar una nueva etapa en esta línea considerando las competencias, los avances en la metacognición, el papel del Yo (self) y los retos de la sociedad del conocimiento.

Actualmente, existen varios enfoques o modelos para abordar los niveles de desempeño que trascienden las taxonomías tradicionales, tales como el enfoque de Biggs, el enfoque de Marzano y el enfoque socioformativo. A continuación se describe una síntesis de cada uno de estos tres enfoques de niveles de desempeño.

4.2.1 NIVELES DE DESEMPEÑO PROPUESTOS POR BIGGS

En la taxonomía de Biggs (1982) denominada SOLO se determinan los niveles de competencia en función del grado de organización estructural de las tareas de aprendizaje y sus resultados, considerando el progreso de la incompetencia a la competencia.

La complejidad, en la metodología SOLO, se aborda en términos cuantitativos y cualitativos. A nivel cuantitativo se considera el aumento de detalles en las respuestas de los estudiantes. En cambio, a nivel cualitativo se toma en cuenta la articulación de las respuestas en una estructura.

A continuación se presenta una síntesis de los niveles que propone el autor:

- Nivel 1. Preestructural: respuesta no pertinente o inexistente a la tarea. No hay comprensión.
- Nivel 2. Uniestructural: se centra en un aspecto de la tarea. Su compresión es parcial y literal.
- Nivel 3. Multiestructural: se abordan varios aspectos correctos de la tarea pero no se relacionan. No hay comprensión del conjunto.

- Nivel 4. Relacional: se abordan todos los aspectos pertinentes y relevantes de una tarea, articulados entre sí. Hay comprensión del conjunto.
- Nivel 5. Abstracto ampliado: trasciende la tarea y la reconceptualiza con un principio general. Aborda otros aspectos no relacionados con ella pero que la enriquecen.

A continuación se presenta una lista con algunos verbos para los niveles de desempeño de Biggs:

Tabla 7. Algunos verbos para los niveles de desempeño de Biggs

Preestructural	Uni-estructural	Multi-estructural	Relacional	Abstracto ampliado
• Sin verbos	• Identificar • Realizar un procedimiento sencillo	• Enumerar • Describir • Hacer una lista • Combinar • Hacer algoritmos	• Comparar • Contrastar • Explicar causas • Relacionar • Aplicar	• Teorizar • Generalizar • Formular hipótesis • Reflexionar

Con estos verbos pueden elaborarse tanto los resultados de aprendizaje para los procesos de formación como las rúbricas para la evaluación.

4.2.2 NIVELES DE DESEMPEÑO PROPUESTOS POR MARZANO

Marzano y Kendall (2007, 2008) proponen los siguientes niveles de desempeño considerando que el aprendizaje es el producto de su interacción. Abordan seis niveles de procesamiento y tres dominios de conocimiento.

Los niveles de procesamiento se basan en un sistema cognitivo, un sistema de metacognición y un sistema interno (self).

Niveles de procesamiento:

Sistema cognitivo:

- Nivel 1. Conocimiento/recuerdo
- Nivel 2. Comprensión
- Nivel 3. Análisis
- Nivel 4. Utilización

Sistema metacognitivo:

- Nivel 5. Sistema metacognitivo

Sistema del self:

- Nivel 6. Sistema interno o self

Dominios de conocimiento:

- Información: organización de las ideas (principios, generalizaciones y elementos concretos (términos y hechos).
- Procesos mentales: se refieren a procesos de pensamiento tales como la escritura, la lectura, etc.
- Procesos psicomotores: son actividades físicas relacionadas con los procesos mentales.

Los seis niveles de procesamiento se dan en los tres dominios de conocimiento descritos.

Figura 1. Taxonomía de Marzano

Robert Marzano propone una taxonomía conformada por:
a) El Sistema de Conciencia del Ser que determina el grado de motivación al nuevo aprendizaje
b) El Sistema de Metacognición que elabora el plan de acción
c) El Sistema de Cognición que procesa la información y
d) El Dominio del Conocimiento que provee del contenido necesario.

Sistema de cognición

Los procesos mentales del sistema cognitivo forman acción desde el Dominio del conocimiento. Así se da acceso a la información para usar del conocimiento. Marzano divide el Sistema Cognitivo en cuatro procesos, cada uno de los cuales requiere del anterior.
a) Conocimiento/recuerdo
b) Comprensión
c) Análisis
d) La utilización del conocimiento

Conocimiento recuerdo

Recuerdo de la información exactamente como fue almacenada en la memoria permanente.

- Nombrar: identificar o reconocer la información pero no necesariamente se comprender su estructura.
- Ejecutar: realizar un procedimiento, pero no necesariamente se comprende cómo se produjo.

Comprensión

Identificar los detalles de la información que son importantes. Recordar y ubicar la información en la categoría adecuada.

- Síntesis: identifica la mayoría de los componentes de un concepto y suspende los detalles insignificantes del mismo.
- Representación: presentar la información en categorías para que sea más fácil de encontrarla y utilizarla.

Análisis

Utilizar lo que han aprendido para crear nuevos conocimientos y aplicarlo en situaciones nuevas.
- Relación: identificar similitudes y diferencias importantes entre conocimientos.
- Clasificación: identificar categorías relacionadas al conocimiento de sobre y subordinación
- Análisis de errores: identificar errores en la presentación y uso del conocimiento.
- Generalizaciones: construir nuevas generalizaciones o principios basados en el conocimiento.
- Especificaciones: identificar aplicaciones específicas o consecuencias lógicas del conocimiento.

Utilización

Aplicar el conocimiento en situaciones específicas:

- Toma de decisiones: utilizar el conocimiento para tomar decisiones o tomar decisiones acerca del uso del conocimiento.
- Resolución de problemas: utilizar el conocimiento para resolver problemas o resolver problemas sobre el conocimiento.
- Investigación experimental: utilizar el conocimiento para generar y evaluar hipótesis o puede generar y evaluar hipótesis sobre el conocimiento.
- Investigación: utilizar el conocimiento para conducir investigaciones o puede conducir investigaciones del conocimiento.

Sistema de metacognición

Controla los procesos de pensamiento y regula los otros sistemas. Se establece metas y toma decisiones acerca de qué información es necesaria y qué proceso cognitivo será el mejor para alcanzar determinado objetivo.

- Especificación de metas: el estudiante puede establecer un plan de metas relacionadas con el conocimiento.
- Monitoreo de procesos: el estudiante puede monitorear la ejecución del conocimiento.
- Monitoreo de la claridad: el estudiante puede determinar hasta que punto posee claridad en el conocimiento.
- Monitoreo de precisión: el estudiante puede determinar hasta que punto es preciso en el conocimiento.

Sistema de consciencia del ser

La conciencia del ser está compuesta de actitudes, creencias y sentimientos que determinan la motivación individual para completar determinada tarea. Los factores que contribuyen la motivación son la importancia, eficacia y las emociones.

- Evaluación de importancia: el estudiante puede determinar que tan importante es el conocimiento y la razón de su percepción.
- Evaluación de eficacia: El estudiante puede identificar sus creencias sobre habilidades que mejorarán su desempeño o comprensión de determinado conocimiento.
- Evaluación de emociones: el estudiante puede identificar emociones ante determinado conocimiento y la razón por la que surge detemrinada emoción.
- Evaluación de la motivación: el estudiante puede determinar su nivel de motivación para mejorar su desempeño o la comprensión del conocimiento y la razón de su nivel.

Dominios de Conocimiento

Información: la organización de ideas, tales como principios, generalizaciones y detalles (como términos y hechos). Los principios y las generalizaciones son importantes debido a que permiten almacenar más información con menos esfuerzo categorizando los conceptos.
Procesos mentales: Se pueden alinear proceso complejos, como la escritura, y proceso más simples que encierran una serie de actividades que no es necesario realizar en una serie específica de pasos.
Procesos físicos: Éstos dependen del área de aprendizaje y de lo complejo de la actividad. Se presentan en actividades como las que se dan en el proceso de lectura (movimiento ocular de

VERBOS DE LOS NIVELES DE DESEMPEÑO PROPUESTOS POR MARZANO Y KENDALL

A continuación se presenta una lista con algunos verbos para los niveles de desempeño propuestos por Marzano (2001) y Marzano y Kendall (2007, 2008) como una guía. Es importante seguir la fuente original que tiene precisiones en torno al uso de los verbos.

Tabla 8. Algunos verbos para los niveles de desempeño de Marzano y Kendall

Conocimiento/ recuerdo	Comprensión	Análisis	Utilización	Sistema metacognitivo	Sistema interno o self
• Nombrar • Ejecutar	• Sintetizar • Representar	• Relacionar • Clasificar • Analizar • Generalizar • Especificar	• Tomar decisiones • Resolver problemas • Investigar	• Especificar metas • Monitorear procesos • Monitorear la claridad • Monitorear la precisión	• Evaluar la importancia • Evaluar la eficacia • Evaluar las emociones • Evaluar la motivación

Con estos verbos pueden elaborarse tanto los resultados de aprendizaje para los procesos de formación como las rúbricas para la evaluación.

4.2.3 NIVELES DE DESEMPEÑO PROPUESTOS POR LA SOCIOFORMACIÓN

La socioformación propone cinco niveles de desempeño para mediar y evaluar la formación integral tanto en la educación como en la sociedad y en las organizaciones: preformal, receptivo, resolutivo, autónomo y estratégico (Tobón, 2014a). Los niveles representan la forma cómo las personas afrontan y resuelven problemas del contexto a partir de la gestión del conocimiento. En este sentido, están acordes con los retos de la sociedad del conocimiento.

Los niveles varían en aspectos tales como las estrategias de resolución de problemas, las actitudes y el dominio conceptual. En el nivel resolutivo, los estudiantes aprenden a resolver problemas sencillos y familiares. En el nivel estratégico, en cambio, aprenden a resolver problemas no rutinarios y poco familiares, con articulación de saberes y creatividad. La resolución de problemas y la articulación de saberes en procesos inter y transdisciplinarios son las características claves de la propuesta socioformativa.

Tabla 9. Significado de los niveles

Significado general y sintético de los niveles de desempeño propuestos por la socioformación				
Preformal	Receptivo	Resolutivo	Autónomo	Estratégico
Presta atención a los problemas con ideas generales, sin nociones o procedimientos claros o pertinentes.	Recepciona información elemental para identificar los problemas, básicamente a través de nociones. Registra los problemas y aplica algún procedimiento de manera mecánica.	Resuelve problemas sencillos en sus aspectos claves con comprensión de la información y dominio de conceptos esenciales. Termina las actividades y cumple las normas.	Argumenta y resuelve problemas con varias variables. Tiene criterio propio y emplea fuentes confiables. Busca la eficacia, la eficiencia y la pertinencia. Evalúa el logro de las metas y establece acciones de mejora. Tiene responsabilidady automotivación.	Aplica estrategias creativas y de transversalidad en la resolución de problemas. Afronta la incertidumbre y el cambio con estrategias. Actúa con base en valores universales.

VERBOS DE APOYO PARA LOS NIVELES DE DESEMPEÑO DESDE LA SOCIOFORMACIÓN

En la aplicación de los niveles de desempeño desde la socioformación son de utilidad algunos verbos como los siguientes:

Tabla 10. Verbos de apoyo para los niveles de desempeño

Preformal	Receptivo	Resolutivo	Autónomo	Estratégico
Aborda Acata Atiende Codifica Enumera Enuncia Explora Lee (sin comprensión) Memoriza Nombra Observa Reacciona Repite Rotula Señala Sigue	Busca Cita Define Denomina Describe Determina Identifica Indaga Manipula Opera Organiza Recepciona Reconoce Recupera Registra Relata Reproduce Resume Se concentra Selecciona Subraya Tolera	Aplica Caracteriza Categoriza Compara Comprende Comprueba Conceptualiza Controla Cumple Diagnostica Diferencia Ejecuta Elabora Emplea Implementa Interpreta Labora Motiva Planifica Procesa Resuelve Sistematiza Subdivide Verifica	Analiza Aporta Argumenta Autoevalúa Autogestiona Autorregula Coevalúa Comenta Contextualiza Critica Ejemplifica Evalúa Explica Formula Hipotetiza Infiere Integra Mejora Metaevalúa Monitorea Planea metas Reflexiona Regula Relaciona Retroalimenta Teoriza Valora	Adapta Asesora Ayuda Co-crea Compone Crea Empodera Genera Innova Intervalora Juzga Lidera Personaliza Predice Propone Proyecta Reconstruye Recrea Sinergia Transfiere Transforma Transversaliza Tutoriza Vincula

Los verbos descritos ayudan a:

1. Redactar los resultados de aprendizaje en los diferentes niveles educativos.
2. Elaborar los indicadores y descriptores para las listas de cotejo, escalas de estimación y rúbricas, entre otros instrumentos.
3. Orientar en torno a la planeación de actividades de aprendizaje, enseñanza y evaluación.
4. Valorar los avances en el dominio hacia niveles de mayor impacto y calidad.

Consideraciones respecto al uso de los verbos de la taxonomía socioformativa:

1. Los verbos deben tomarse solo como una orientación, y no de manera mecánica, como ha tendido a suceder con las taxonomías tradicionales.
2. Los verbos ante todo muestran acciones que posibilitan comprender e identificar el nivel de dominio más consolidado en una organización, programa, equipo o persona. No muestran un nivel exacto.
3. En la redacción de los resultados de aprendizaje, además del verbo, es necesario colocar el contexto o condición de referencia que ayude a la evaluación integral (Tobón, 2014c).

4.2.4 NIVELES DE DESEMPEÑO POR DIMENSIONES

A continuación se presentan los niveles de desempeño de la socioformación considerando las dimensiones esenciales en la resolución de problemas, como la aplicación de procedimientos, la aplicación de conceptos y la aplicación de actitudes. Esto es diferente a lo que se ha hecho tradicionalmente de enfocarse en los contenidos de estos saberes. En la socioformación el centro no son los contenidos de los saberes sino su aplicación articulada en la resolución de problemas del contexto.

Tabla 11. Niveles de desempeño de la socioformación considerando las dimensiones esenciales en la resolución de problemas

Dimensión	Preformal	Receptivo	Resolutivo	Autónomo	Estratégico
Aplicación de procedimientos	Aplica alguna herramienta en un problema sin pertinencia ni comprensión	Aplica herramientas de manera mecánica en los problemas con algunas ideas claras.	Aplica herramientas pertinentes y con comprensión en la resolución de los problemas, logrando la meta propuesta.	Aplica procedimientos en la resolución de problemas con argumentación, logrando eficien-cia y eficacia.	Aplica procedimientos adaptados, creativos o innovadores en la resolución de problemas del contexto, abordando estratégicamente el cambio y la incertidumbre.
Aplicación de conceptos	Aplica en los problemas preconceptos o ideas generales.	Aplica en los problemas nociones y proposiciones pertinentes siguiendo fuentes pertinentes.	Aplica en los problemas conceptos claves basados en fuentes pertinentes y rigurosas.	Aplica en los problemas la argumentación y teorización con base en fuentes confiables y rigurosas con criterio propio.	Aplica en los problemas la articulación de saberes de diversas áreas y campos, con flexibilidad y abordaje del cambio.
Aplicación de actitudes y valores	Actúa en los problemas siguiendo normas por temor al castigo.	Actúa en los problemas siguiendo las normas de manera mecánica.	Actúa en los problemas con la actitud de lograr su resolución. Sigue las normas y comprende su función.	Actúa en los problemas con automotivación por la eficacia y eficiencia. Sigue las normas por convicción.	Actúa en los problemas con compromiso y responsabilidad, aplicando los valores universales y asumiendo las consecuencias de sus actos. Promueve trabajar con compromi-so y responsabilidad.

A continuación se presenta un análisis comparativo entre las tres principales taxonomías para abordar el desempeño: la teoría de Biggs, la teoría de Marzano y la teoría socioformativa. Todas tienen una serie de ventajas y énfasis que los directivos, docentes y profesionales del desarrollo humano deben comprender con claridad y tener en cuenta al momento de plantear los procesos de gestión y desarrollo del talento.

Tabla 12. Análisis comparativo entre las tres principales taxonomías

Aspecto	Niveles de Biggs	Niveles de Marzano	Niveles de la socioformación
Énfasis	Niveles de complejidad respecto a la estructuración de los resultados de aprendizaje en una tarea.	Tres dominios de conocimiento que se dan en seis niveles de procesamiento.	Resolución de problemas del contexto mediante la articulación de saberes.
Ventajas	-Aborda el aprendizaje superficial y el aprendizaje profundo. -Tiene pocas variables o dimensiones en interrelación. -Permite fácilmente la evaluación.	Aborda los principales ejes del aprendizaje, con diversas variables pertinentes, integrando la metacognición y el Yo.	-Es un enfoque sencillo, con pocas dimensiones. -Se centra en procesos de actuación ante problemas del contexto. -Aborda la transversalidad. -Integra el pensamiento complejo.
Aplicaciones	Personas y equipos	Personas y equipos	-Organizaciones -Programas -Equipos -Personas
Relación con la sociedad del conocimiento	No aborda de manera directa la sociedad del conocimiento. Promueve el aprendizaje con profundidad para aplicar principios generales en los fenómenos y trascender las tareas con creatividad y con nuevos elementos.	No aborda de manera directa la sociedad del conocimiento. Busca que las personas se apropien del conocimiento con significado y se autorregulen en el abordaje de las situaciones del contexto.	Promueve de manera directa la gestión del conocimiento en las organizaciones, programas, equipos y personas para resolver problemas del contexto local y global mediante el trabajo colaborativo. En los niveles se evalúan procesos de la sociedad del conocimiento de manera explícita.

4.3 VENTAJAS DE LA TAXONOMÍA SOCIOFORMATIVA RESPECTO A OTRAS TAXONOMÍAS

La taxonomía socioformativa para orientar los procesos de gestión del talento humano tiene las siguientes ventajas:

1. No se enfoca en los niveles de dificultad (Bloom), ni tampoco en los niveles de pensamiento o los dominios de información (Marzano), sino en el proceso de actuación ante problemas del contexto, considerando el grado de apropiación y articulación de saberes necesarios para abordar este proceso.
2. Considera los principales retos de la sociedad latinoamericana respecto al desarrollo del talento como la autoevaluación para el mejoramiento continuo, la resolución de problemas, la laboriosidad, la creatividad, la vinculación, la transversalidad y la colaboración, elementos que no son el fin de otras taxonomías.
3. Integra el abordaje del pensamiento complejo, con lo cual los diferentes niveles dan cuenta del avance en el desarrollo de este pasando de un ámbito simple y reduccionista a un estado sistémico y complejo.
4. Permite valorar los avances en el logro de metas no solo de las personas, sino también de los equipos, las organizaciones y los programas.

4.4 SUGERENCIAS PARA REDACTAR LOS RESULTADOS DE APRENDIZAJE

Los resultados de aprendizaje son las metas puntuales que se esperan en la formación y dan cuenta de los logros más sobresalientes que se esperan en la formación humana. Se recomienda que sean pocos y centrados en lo esencial. Pueden referirse a comportamientos o actividades que ejecutan las personas.

A continuación, se describen una serie de sugerencias para redactar los resultados de aprendizaje tomando en cuenta la taxonomía socioformativa:

1. Considerar alguno de los 10 procesos básicos descritos en el capítulo 3 sobre la actuación (motivación y compromiso para el logro de metas; conceptualización, resolución de problemas, etc.).
2. Empezar por un verbo de dominio observable y evaluable, como por ejemplo: planea, ejecuta, argumenta, describe, socializa, etc.
3. Deben poderse lograr mediante un conjunto de actividades de aprendizaje, enseñanza y evaluación, en un tiempo determinado.
4. Es necesario que posean un referente o contexto para facilitar la planeación didáctica.

REFERENCIAS

Bloom, B.S., Engelhart, M.D., Furst, E.J., Hill, W.H. y Krathwohl, D.R. (1956). Taxonomy of educational objectives. The classification of the educational goals. Handbook I: Cognitive domain. New York, EE.UU.: David McKay.

Marzano, R. J. y Kendall, J.S. (2007). The new taxonomy of educational objectives. California, EE.UU.: Corwnin Press.

Marzano, R. J. y Kendall, J.S. (2008). Designing and assessing educational objectives: Applying the new taxonomy. California, EE.UU.: Corwnin Press

Tobón, S. (2017a). Pensamiento Complejo: Evaluación y Estrategias de Formación. Mount Dora: Kresearch.

Tobón, Sergio (2017b). El proyecto ético de vida desde la socioformación. México: FISOD.

CAPÍTULO 5

PROCESO DE GESTIÓN CURRICULAR SOCIOFORMATIVO Y CALIDAD EDUCATIVA

CONTENIDO

INTRODUCCIÓN

Tradicionalmente, el currículo presenta los siguientes problemas: 1) se tiende a asumir como el conjunto de programas de estudios; 2) se enfatiza ante todo en el diseño y poco en la implementación y evaluación continua; 3) casi no se gestionan las resistencias al cambio; 4) está desarticulado de los procesos de formación de los docentes y de los directivos; 5) hay dificultad para la implementación porque generalmente tiene muchos detalles y se queda en lo ideal, sin considerar las situaciones del contexto; 6) se tienden a buscar resultados a corto plazo cuando muchas veces se demandan transformaciones culturales para lograr las metas que se buscan: y 7) se focaliza en los estudiantes dejando de lado la formación de los demás actores educativos.

Desde la socioformación la gestión curricular es un proceso permanente en toda institución formadora, y se enfoca en transformar las prácticas de mediación y evaluación buscando que los diversos actores educativos (estudiantes, docentes, directivos, familias y comunidad) aprendan a trabajar de manera colaborativa en el mejoramiento de las condiciones sociales para asegurar la convivencia, la inclusión, la calidad de vida y la sostenibilidad ambiental. Esto requiere un proceso continuo de evaluación para identificar logros y aspectos a mejorar, complementado con acciones concretas de apoyo y seguimiento para lograr las metas establecidas.

5.1 CALIDAD EDUCATIVA

Actualmente, predomina una concepción de calidad educativa más cercana a la sociedad de la información que a la sociedad del conocimiento, asumiéndose en dos vías complementarias: 1) nivel de logro cognitivo medido a través de pruebas, como por ejemplo las pruebas PISA, las pruebas TIMS, las pruebas para el ingreso a las universidades, las pruebas aplicadas al final de las licenciaturas, etc.; y 2) el cumplimiento de una serie de indicadores que evalúen aspectos como rezago, deserción, tasa de titulación, empleabilidad, etc. Además, se debe demostrar que los procesos de formación corresponden con las necesidades, a través de diagnósticos del entorno.

Es así como muchos programas educativos cumplen con toda una serie de indicadores de calidad y hasta poseen certificaciones o acreditaciones, pero no logran impacto en la formación integral de las personas ni en su proyección social. Esto se debe a que no se enfocan en la pertinencia y en lograr transformar el entorno. Los modelos de calidad que siguen no tienen una clara visión compartida de formar para la sociedad del conocimiento de acuerdo con los retos de Latinoamérica; generalmente, tienden a enfocarse en procesos cognitivos y administrativos de gestión, dejando de lado la visión en torno al desarrollo socioeconómico y el talento de las personas. Es por ello que se propone un nuevo concepto de calidad educativa desde la socioformación, entendida como el proceso colaborativo entre diferentes actores sociales para apoyar, asesorar y acompañar a las organizaciones, equipos y personas en la resolución de problemas y el mejoramiento de las condiciones de vida, con el fin de alcanzar el desarrollo social sostenible, integrando el saber ser con el saber conocer, el saber hacer y el saber convivir, a partir del fortalecimiento continuo del proyecto ético de vida y el pensamiento complejo. En este sentido, desde la socioformación un programa educativo tiene calidad cuando logra que los estudiantes aprendan a resolver problemas del entorno y trabajen para alcanzar la sociedad sostenible, aplicando los valores universales y el trabajo coordinado entre todos.

5.2 CURRÍCULO SOCIOFORMATIVO

Es el conjunto de acciones concretas que tienen los directivos, docentes, familias y estudiantes en torno a la formación integral y el desarrollo de competencias a través de la identificación, interpretación, argumentación y resolución de problemas del contexto (personal, familiar, comunitario, social, político, económico, cultural, recreativo, científico y ambiental-ecológico), con idoneidad, mejoramiento continuo y compromiso ético (Tobón, 2013a).

Por lo tanto, el currículo socioformativo no es un documento con el plan de estudios, ni el programa de las asignaturas por competencias; son los hechos concretos que evidencian la actuación ante problemas del contexto mediante el trabajo colaborativo y la articulación de saberes: ser, hacer, conocer y convivir.

El currículo socioformativo parte de un diagnóstico continuo del contexto interno y externo para determinar problemas a resolver en el presente y en los próximos 5, 10 y 15 años. No se limita a los procesos de formación de los estudiantes, sino que incorpora la formación de todos los actores educativos: políticos, directivos, docentes, familias, comunidad y estudiantes.

El proceso formativo es mediante itinerarios de formación flexibles con base en proyectos y la articulación de otras estrategias didácticas tales como: cartografía conceptual, análisis de casos, estrategia metacognitiva MADFA, Método de Kolb, mediación metacognitiva, talleres reflexivos constructivos, etc.

5.3 INVESTIGACIÓN ACCIÓN SOCIOFORMATIVA

En la socioformación se aplica diferentes métodos de investigación. Sin embargo, se enfatiza en la investigación acción educativa, considerando las contribuciones de autores tales como Elliott (1997, 2002), quien la aborda como un método de investigación cualitativa y sistemática de transformación de las prácticas educativas y su documentación formal.

En la socioformación, la investigación acción educativa se toma como investigación acción formativa porque el énfasis está centrado en cambiar las prácticas de formación desde los mismos actores involucrados en el proceso.

En este sentido, la investigación acción socioformativa consiste en que los mismos docentes, directivos y estudiantes diagnostiquen y comprendan las prácticas de formación que llevan a cabo, las transformen con acciones puntuales, las sistematicen y luego las socialicen para motivar y orientar a otros en este mismo proceso (Tobón, 2014a) siguiendo los principios de la investigación y trabajando de manera colaborativa desde el inicio hasta el final.

La aplicación de la investigación acción socioformativa se efectúa mediante el trabajo colaborativo y el empleo de instrumentos pertinentes, válidos y confiables. Se aplica tanto en las instituciones educativas como en las organizaciones sociales y empresariales con todos los actores de la formación (directivos, docentes, familias, comunidad y estudiantes).

En la figura 2 se presenta un análisis de la investigación acción formativa tal y como se aplica en la socioformación. En primer lugar, se identifica la práctica de formación que debe ser transformada, luego se conceptualiza, se transforma (resuelve), se socializa la experiencia y finalmente se publica, para apoyar nuevas investigaciones en el área. Todo esto se hace mediante el trabajo colaborativo con los diversos actores que intervienen en la práctica de formación a ser transformada, buscando el mejoramiento continuo.

Además, en la transformación de cualquier práctica de formación se determinan unas metas puntuales siguiendo la socioformación y se aplican acciones de mediación.

Figura 2. Investigación acción formativa

Tabla 13 . Pasos claves en la investigación acción socioformativa

Implementar el abajo colaborativo	Planear y ejecutar el trabajo colaborativo necesario para llevar a cabo la investigación acción desde el diagnóstico de la práctica formativa a transformar hasta su socialización y publicación, evidenciando la articulación de fortalezas y acciones de apoyo entre las personas involucradas.
Identificar el tipo de áctica formativa a ansformar	Identificar mediante la experiencia, la observación y/o el análisis de la bibliografía el tipo de práctica formativa que se espera transformar considerando algunos referentes de la socioformación a nivel general.
Conceptualizar la áctica formativa a ansformar	Interpretar y argumentar la práctica formativa a transformar articulando las contribuciones de la socioformación que sean necesarias. Integrar de manera coherente las contribuciones teóricas y metodológicas de otros enfoques y modelos educativos en caso de ser necesario.
Establecer las eguntas de vestigación o metas intuales	Determinar con detalle las preguntas que orientarán el estudio para transformar la práctica formativa identificada , aunque durante la investigación pueden cambiar o surgir nuevas preguntas. Interpretar y explicar la práctica formativa a transformar con base en el marco de referencia socioformativo construido para ello en el paso 3.
Realizar un agnóstico de la áctica formativa a ansformar	Diagnosticar con detalle la práctica formativa que se pretende transformar. Esta práctica se describe mediante la observación, el registro de hechos y el apoyo en algún instrumento

Continuación tabla 13. Pasos claves en la investigación acción socioformativa

6. Planear las actividades de transformación de la práctica formativa	Planificar las actividades para transformar la práctica formativa seleccionada teniendo en cuenta el marco conceptual de la socioformación construido en el paso 3, con las contribuciones de otros enfoques educativos si es necesario. Considerar el diagnóstico implementado en el paso 5. Se sugiere describir cada actividad y las evidencias de transformación de la práctica formativa.
7. Ejecutar las actividades y documentar todo el proceso.	Implementar las actividades planeadas en el paso anterior y documentar el proceso con un registro cualitativo, y a veces cuantitativo, de las actividades realizadas y de los logros que se van alcanzando en la transformación de la práctica formativa, foco de la investigación.
8. Analizar los resultados logrados.	Interpretar y argumentar los resultados en la transformación de la práctica formativa teniendo en cuenta el marco conceptual elaborado en el paso 3. Contrastar el proceso de transformación de la práctica formativa con base en el estudio de la bibliografía publicada sobre el área para determinar puntos de coincidencia, puntos de discrepancia y sugerencias de nuevas investigaciones en el área.
9. Socializar los resultados de transformación de la práctica formativa con los actores implicados.	Presentar los resultados del proceso de transformación de la práctica formativa a los actores implicados con el fin de valorar los avances tenidos y fortalecer el compromiso con el proceso.
10. Publicar la investigación	Publicar la investigación como un artículo o libro. Esto se debe complementar con un video, blog o material multimedial, etc. Socializar la investigación con la comunidad y buscar que sea la base para otras investigaciones.

5.4 MODELO DE GESTIÓN CURRICULAR SOCIOFORMATIVO

El modelo de gestión curricular socioformativo consiste en lograr la implementación en el aula de acciones que logren la formación integral y el desarrollo de competencias en los estudiantes para vivir en la sociedad del conocimiento, con base en el proyecto ético de vida, el emprendimiento, el trabajo colaborativo y la gestión del conocimiento, a través de acciones coordinadas en los diversos actores educativos: políticos, directivos, docentes, estudiantes, familias y comunidad (Tobón, 2013a). Para ello se trabajan 12 procesos claves que pueden seguir el orden propuesto en la Figura 3 u otro orden según las necesidades de trabajo en la institución educativa. Los 12 procesos siguen un modelo sistémico, con acciones de entrada, acciones de procesamiento y acciones de salida.

Cada uno de los 12 procesos tiene un direccionamiento (se establecen las metas), una planeación (se formulan las actividades a implementar), una actuación (se ejecutan las actividades considerando la adaptación al contexto y los factores de incertidumbre, con los cambios que sean necesarios) y una socialización (se comunican los productos y resultados logrados en el proceso). Esto se ejemplifica en el libro Tobón (2013b). Los 12 procesos son implementados mediante el trabajo colaborativo, a partir de un equipo líder. Todos los integrantes de la comunidad educativa deben participar en proceso para lograr la transformación efectiva, buscando que el currículo se concrete en el aula, con los estudiantes, y no se quede en el papel, como tantas veces sucede.

No es necesario abordar todos los procesos. Cada institución educativa puede determinar cuáles son los procesos más prioritarios que debe implementar o mejorar para lograr la formación de ciudadanos para la sociedad del conocimiento.

En la Figura 3 se presenta una síntesis de los 12 procesos propuestos. El trabajo colaborativo es continuo, a través de la distribución de roles, complementación de fortalezas entre los integrantes y actores, y mejoramiento continuo a partir del diagnóstico de logros y aspectos a mejorar.

El estudio del contexto también es continuo y nunca termina, porque esto es lo que permite la continua implementación de acciones de mejoramiento y la generación de propuestas creativas e innovadoras de formación en la institución educativa.

Figura 3. Ejes del currículo socioformativo

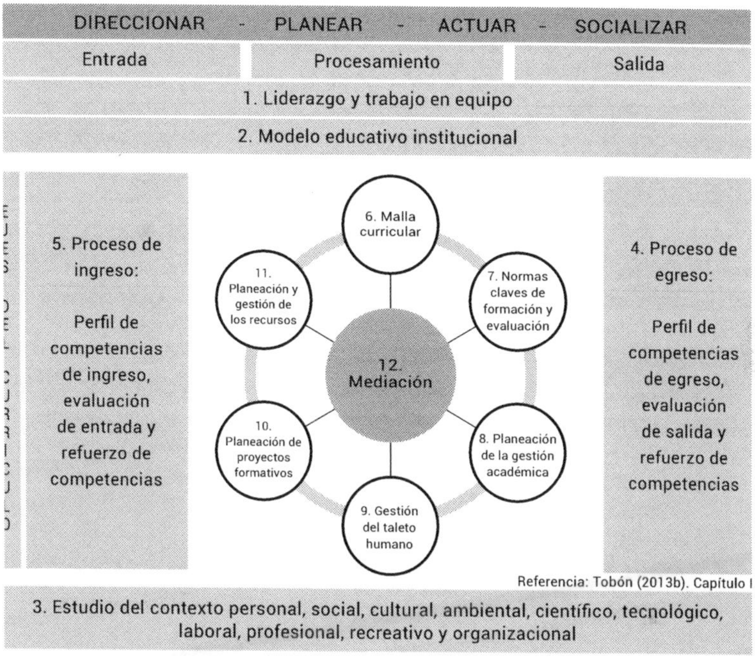

PROCESO 1. TRABAJO COLABORATIVO EN LA GESTIÓN CURRICULAR

La gestión curricular desde la socioformación es un trabajo colaborativo continuo. Esta es su principal característica respecto a otros enfoques, que aunque también abordan la colaboración, la consideran como un paso o la conformación de un equipo. En la socioformación no es suficiente conformar un equipo que lidere el proceso de transformación, sino que es preciso que todos los actores implicados aporten lo que esté a su alcance para cumplir las metas esperadas.

Producto: Registro de implicación de todos los actores de la institución en la implementación de acciones de mejora e innovación del proceso educativo.

Tabla 14. Actividades claves del proceso

Actividad	Descripción
1. Conformación del equipo líder	Conformar el equipo líder de la gestión curricular manera formal y con respaldo institucional, dejando un acta con sus actividades y asignación de horas semanales.
2. Identificar a los actores del proceso y comprometerlos con el cambio	Consiste en determinar el papel de todos los actores educativos en la implementación del currículo con los estudiantes, para que no se quede en el papel.
3. Buscar que todos los actores contribuyan a implementar mejoras en el proceso educativo	Generar sensibilización y compromiso en todos los actores educativos para que contribuyan de manera proactiva en la implementación de las mejoras.
4. Orientar la implementación de los demás procesos	Orientar y gestionar la calidad de los demás procesos de gestión curricular buscando que se ejecuten con pertinencia.

PROCESO 2. MODELO EDUCATIVO Y PEDAGÓGICO

Consiste en generar una visión compartida de la formación que se pretende lograr en los estudiantes considerando los retos de la sociedad del conocimiento, con la participación de los diferentes actores de la institución educativa. Para ello se tiene en cuenta la naturaleza e identidad de la institución, como también las normas legales. En ocasiones se tiene el modelo educativo pero se carece de una visión compartida o falta su efectiva implementación. El equipo líder debe asegurarse que el modelo educativo se aplique. En la Tabla 15 se describen los componentes esenciales del modelo educativo según la socioformación.

Producto: Documento con el modelo educativo adaptado al programa, considerando la visión compartida y las acciones para su implementación en el marco de los retos de la sociedad del conocimiento.

Tabla 15 . Actividades claves del proceso

Actividad	Descripción
1. Diagnóstico del modelo educativo	Determinar los logros y las acciones a mejorar en la construcción y aplicación del modelo educativo que se debe seguir en la formación de los estudiantes, considerando las posibles resistencias para el cambio.
2. Visión compartida	Lograr que todos los integrantes de la institución educativa posean una visión compartida de la formación que se debe lograr en los estudiantes y las acciones mínimas a trabajar en los diversos ambientes educativos .
3. Construcción o adaptación del modelo educativo	Crear o adaptar el modelo educativo siguiendo la visión compartida de la formación que se pretende dar en la institución educativa, considerando las normas vigentes en el área y las políticas de la región o del país.
4. Implementación del modelo educativo	Establecer acciones con los diferentes actores educativos para implementar efectivamente el modelo educativo, con acciones para vencer las resistencias al cambio.

Tabla 16. Componentes clave del modelo educativo desde la socioformación (Tomado de Tobón, 2014c)

Aspecto clave del modelo educativo institucional	Descripción
¿Qué tipo de persona se pretende formar?	• Describir qué persona se pretende formar en la institución y con qué participación en la sociedad, la economía y el ambiente.
¿Para qué tipo de sociedad se pretende formar?	• Describir las características de la sociedad para la cual se va a formar a los docentes, directivos y estudiantes. (Se puede describir la sociedad actual y la sociedad que se espera en el futuro.) • Indicar en términos generales qué tipo de vinculación con la comunidad se espera en la institución educativa y algunas posibles estrategias para lograrla.
¿Con qué enfoque o enfoques educativos se pretende formar?	• Describir de forma sintética cuál es el enfoque o enfoques educativos que van a orientar de manera general la formación en la institución. • Describir lineamientos concretos para tenerlos en cuenta desde el enfoque educativo de referencia.
¿Con qué principios educativos se pretende formar?	• Describir algunos lineamientos básicos para considerarlos en el proceso de aprendizaje, enseñanza y evaluación, que orienten a los profesores, directivos y estudiantes. • Indicar algunos lineamientos en torno a cursos complementarios de formación, así como al papel de las actividades extracurriculares en la formación.

Continuación tabla 16. Componentes clave del modelo educativo.

pecto clave del odelo educativo titucional	Descripción
uál es el rol de los centes?	• Describir los lineamientos generales acerca del rol del docente en el proceso formativo, con base en el enfoque o enfoques educativos que se sigan.
uál es el papel de s estudiantes en el oceso formativo?	• Describir los lineamientos generales en torno al rol de los estudiantes en proceso formativo, teniendo como base el enfoque o enfoques educativos que se sigan. Considerar la articulación de las actividades que hacen los estudiantes con los docentes, con las actividades de aprendizaje independiente y autónomo.
n qué escenarios se etende formar?	• Describir las modalidades educativas y los lineamientos para cada una de ellas: educación presencial, virtual, a distancia, etc. Indicar si un programa puede tener varias modalidades o no, y el paso de los estudiantes de una modalidad a otra.
Cómo debe ser la structura básica de s programas de rmación?	• Describir qué estructura curricular básica deben tener los programas de formación para garantizar el aprendizaje significativo de las competencias. Por ejemplo, si es por asignaturas, módulos, proyectos, ciclos propedéuticos, etc. • Indicar los aspectos mínimos que han de tenerse en cuenta en el diseño d un programa de formación. • Describir los lineamientos generales que se considerarán en el microcurrículo , con el fin de asegurar que se formen las competencias en lo estudiantes. • Describir el modelo general de gestión de la calidad del currículo y del proceso de docencia, estableciendo mínimamente cada cuánto deben revisarse los programas educativos, cómo será la evaluación de la calidad d la enseñanza, con qué referentes se evaluará la calidad y quién la evaluará. • Determinar de forma general las políticas de promoción del talento humano docente, directivo y administrativo para consolidar el área académica. Aquí no se describen con detalle los procesos concretos de gestión del talento humano; se deja para el proceso 10 de la gestión curricular.
ómo se llevará a bo la vinculación n la sociedad?	• Describir de forma general las acciones por llevar a cabo con las organizaciones sociales, ambientales, tecnológicas y empresariales. • Indicar cómo se articulan las acciones de servicio a la sociedad, con los procesos de formación de las competencias.
uáles serán los ejes ctores de la vestigación?	• Presentar los lineamientos clave en torno a la realización de investigaciones en el programa por parte de los estudiantes y docentes, buscando la articulación con el proceso de formación.

Principios pedagógicos

Desde la socioformación, se aplican una serie de principios en el modelo educativo para orientar la formación integral de los estudiantes.

Figura 4. Principios de la socioformación

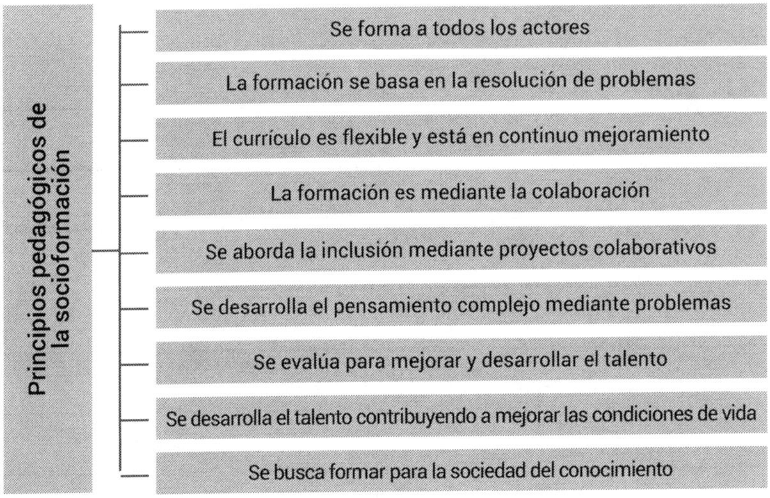

PROCESO 3. ESTUDIO DEL CONTEXTO INTERNO Y EXTERNO

Este proceso es esencial para los demás procesos y consiste en determinar los problemas a resolver en la formación al interior de la institución educativa (contexto interno) como también los problemas que deben aprender a resolver los estudiantes en los contextos externos, a nivel local y global, tanto en el presente como hacia el futuro (en un lapso de 2 a 10 años, aproximadamente).

Se sugiere realizar el estudio del contexto interno y externo comenzando por la revisión de documentos, con fuentes primarias y secundarias. Si es necesario, continuar con la consulta a expertos que conozcan con detalle los retos de la formación en el área. Si la información es insuficiente, seguir con la aplicación de encuestas a los diferentes actores educativos: profesionales, empresarios, líderes sociales, docentes, estudiantes y egresados.

El estudio del contexto interno y externo se tiene en cuenta en todos los procesos curriculares de manera continua. Esto significa que no solamente sirve para determinar el perfil de egreso, como tantas veces ocurre en la actualidad, sino que es la base para configurar el mapa curricular, los proyectos formativos, el proceso de evaluación y las acciones formativas con los estudiantes. Debe enfocarse en determinar problemas del contexto considerando el ciclo vital de los estudiantes a formar porque ese es el reto de la educación actual para poder formar ciudadanos para la sociedad del conocimiento.

Producto: Documento con una síntesis del estudio del contexto interno y externo, que describa los problemas claves de la actualidad y hacia el futuro que deban ser resueltos por los estudiantes, así como por el mismo plan de estudios.

ESTUDIO DEL CONTEXTO INTERNO

Consiste en determinar los problemas internos respecto a la formación que se brinda en la institución educativa o en el programa de estudios (en el caso de que esté creado y funcionando), considerando el modelo educativo del proceso 2 y las políticas educativas regionales, nacionales e internacionales.

Tabla 17. Elementos a identificar en el estudio del contexto interno
1. Nivel de deserción estudiantil y docente. 2. Nivel de graduación con titulación. 3. Nivel de graduación sin titulación. 4. Promedio de rendimiento académico. 5. Asignaturas o módulos con mayores tasas de reprobación. 6. Tasa de empleabilidad en los egresados. 7. Tiempo promedio que duran los egresados para conseguir el primer empleo. 8. Áreas, asignaturas o elementos del programa actual que aumentan la empleabilidad. 9. Áreas, asignaturas o elementos que son percibidos como de poco valor para la formación. 10. Satisfacción de los estudiantes con el programa actual. 11. Satisfacción de los egresados con el programa actual. 12. Satisfacción de los docentes con el programa actual. 13. Satisfacción de los directivos con el programa actual. 14. Recomendaciones de los estudiantes, docentes, directivos y egresados para mejorar el programa.

Fuente: Tobón (2014c)

ESTUDIO DEL CONTEXTO EXTERNO

En el estudio del contexto externo se determinan los problemas que es necesario que los estudiantes y egresados aprendan a identificar, interpretar, argumentar y resolver, tanto en el presente como hacia el futuro (durante los próximos 3-10 años, aproximadamente) (Tobón, 2014c). Para identificar los problemas, primero se tienen en cuenta fuentes primarias y secundarias. Si no son suficientes, se pasa a la consulta de expertos; y, por último, a la aplicación de encuestas a los diferentes actores educativos, según las necesidades y retos que se tengan.

Tabla 18. Elementos claves a tener en cuenta en el estudio del contexto externo
1. Identificar los problemas del contexto externo más relevantes, que ayuden a formar personas emprendedoras para construir y vivir en la sociedad del conocimiento. 2. Considerar tanto las áreas de énfasis del programa o profesión, como también la interrelación entre disciplinas, en un marco inter y transdisciplinario. 3. Determinar con base en fuentes confiables los retos del contexto externo tanto en la actualidad como hacia el futuro (próximos 3-10 años, aproximadamente). 4. Identificar los retos del contexto externo considerando el ámbito local, nacional e internacional. 5. Determinar los retos del contexto externo buscando que lleven a mejorar e innovar el programa de estudios. No se hace un estudio del contexto para dejar un programa de estudios tal y como está. 6. Revisar ofertas laborales publicadas en diferentes medios de comunicación para identificar tendencias laborales y profesionales. 7. Revisar documentos en torno a competencias pertinentes para el programa establecidas en otros proyectos. En el programa se pueden retomar y adaptar competencias ya formuladas en otros proyectos que sean pertinentes al modelo educativo y a los fines que se buscan con el programa. 8. Revisar artículos científicos y/o académicos sobre tendencias investigativas para incorporar estas tendencias en el programa que se está diseñando por competencias.

Fuente: Tobón (2014c)

PROCESO 4. PROCESO DE EGRESO

El proceso de egreso consiste en asegurar que los estudiantes que ingresan al programa posean las competencias necesarias para vivir en la sociedad del conocimiento, estando en condiciones de resolver los problemas que se presentan, con trabajo colaborativo, emprendimiento, un proyecto ético de vida sólido y la gestión del conocimiento a través de diferentes medios.

El proceso de egreso tiene las siguientes actividades claves dentro de la gestión curricular socioformativa (Tobón, 2014c):

1. Determinar las competencias esenciales que deben demostrar los estudiantes a medida que avanzan en su formación y cuando egresen del programa de estudio (perfil de egreso). Estas competencias son específicas y genéricas. Cuando es un programa de educación básica y media superior, se determinan también las competencias básicas. Las competencias se establecen considerando los problemas identificados en el estudio del contexto interno y externo, como también las políticas educativas regionales, nacionales e internacionales.
2. Establecer las acciones de refuerzo que deben ejecutarse con aquellos estudiantes que tengan dificultades en el desarrollo de las competencias esperadas en el perfil de egreso.
3. Plantear las acciones para apoyar a los estudiantes en su proceso de emprendimiento y en la vinculación con la sociedad, el mundo laboral-profesional y la ciencia.

Producto: Documento con el perfil de egreso del programa de estudio, con la descripción de las competencias por formar, las acciones para fortalecer el desarrollo de estas competencias en caso de ser necesario y las actividades claves para asegurar el emprendimiento y la vinculación social y económica de los egresados.

Tabla 19. Estructura del perfil de egreso	
Programa:	
Competencias específicas:	
Competencia 1.	
Competencia 2.	
Competencia 3.	
Competencia 4.	
Competencia 5.	
Competencia 6.	
Competencias genéricas:	
Competencia 1.	
Competencia 2.	
Competencia 3.	
Competencia 4.	
Competencia 5.	
Competencia 6.	
Acciones de refuerzo de las competencias al final del ciclo propedéutico	Acciones de vinculación social y/o laboral-profesional en el ciclo propedéutico

Fuente: Tobón (2014c)

PROCESO 5. PROCESO DE INGRESO

El proceso de ingreso consiste en asegurar que los estudiantes posean al inicio del programa las competencias necesarias para tener éxito en la formación de las competencias del perfil de egreso. Contiene también las acciones de fortalecimiento que sean necesarias implementar para apoyar a los estudiantes que lo requieran.

El proceso de ingreso debe llevarse a cabo con las siguientes actividades claves (Tobón, 2014c):

Determinar las competencias claves que deben poseer los estudiantes al inicio de su formación para tener éxito durante el programa de estudios. Estas competencias pueden ser básicas, específicas y/o genéricas. Las competencias se establecen teniendo en cuenta el perfil de egreso del programa y los problemas que deben estar en condiciones de resolver los estudiantes a medida que se forman.

Planificar las acciones de fortalecimiento que es preciso realizar con aquellos estudiantes que posean falencias, vacíos o dificultades en sus competencias de ingreso.

Ejecutar las acciones de fortalecimiento con apoyo de los docentes, de los pares y de otras personas significativas.

Producto: Documento con el perfil de ingreso al programa de estudio, con la descripción de las competencias que deben poseer los estudiantes al inicio del programa de formación, con las posibles acciones de fortalecimiento en caso de ser necesario.

Tabla 20. Perfil de ingreso a un programa de estudio			
Denominación del programa:	Prerrequisitos establecidos en la ley para ingresar:		
Competencias	Descripción	Criterios esenciales	Evidencias clave
Competencias básicas			
Competencia básica 1			
Competencia básica 2			
Competencias específicas			
Competencia específica 1			
Competencia específica 2			
Competencias genéricas			
Competencia genérica 1			
Competencia genérica 2			
Evaluación del perfil de ingreso			
Acciones de fortalecimiento			

PROCESO 6. MAPA CURRICULAR

Consiste en elaborar el mapa gráfico con la organización de los proyectos formativos por periodo escolar, curso o grado orientado a lograr la formación del perfil de egreso establecido en el proceso 4.

Actividades claves:

1. Establecer la duración total y los periodos académicos del programa.
2. Formular los proyectos formativos según lo establecido en el modelo educativo y las normas vigentes.
3. Buscar que los proyectos formativos posibiliten desarrollar completamente el perfil de egreso.
4. Determinar los proyectos formativos con flexibilidad.
5. Establecer los requisitos de titulación para el programa.
6. Tener al menos un proyecto formativo electivo dentro de proceso formativo.
7. Socializar y acordar el mapa curricular con la comunidad académica o con las personas responsables de ejecutarlo.

Producto a lograr: Mapa curricular con los periodos académicos y los proyectos formativos (con su duración).

Tabla 21. Algunos componentes claves de un mapa curricular

Nodo problematizador	Periodo 1	Periodo 2	Periodo 3	Periodo 4	
Nodo problematizador 1	Proyecto formativo 1.1		Proyecto formativo 1.2	Proyecto formativo 1.3	Requisitos de titulación: Evaluación integral de las competencias
Tiempo	Tiempo		Tiempo	Tiempo	
Nodo problematizador 2	Proyecto formativo 2.1	Proyecto formativo 2.2			
Tiempo	Tiempo	Tiempo			
Nodo problematizador 3	Proyecto formativo 3.1		Proyecto formativo 3.2	Proyecto formativo 3.3	
Tiempo	Tiempo		Tiempo	Tiempo	
Nodo problematizador 4 **Práctica profesional**			Proyecto formativo 4.1		Proyecto de práctica integral 4.2
Tiempo			Tiempo		Tiempo
Tiempo total por periodo	Tiempo del periodo	Tiempo del periodo	Tiempo del periodo	Tiempo del periodo	Tiempo del periodo

PROCESO 7. REGLAMENTO DE FORMACIÓN Y EVALUACIÓN

Este proceso se refiere a construir o mejorar las normas que se deben seguir en el proceso de formación y evaluación de los estudiantes.

Algunos tipos de normas son:

- Normas clave de ingreso, permanencia y titulación.

- Normas clave en torno al reconocimiento de estudios anteriores.
- Normas clave en torno a la formación de las competencias.
- Normas clave en torno al proceso de evaluación de las competencias.
- Normas clave en torno a las prácticas.
- Normas clave en torno a becas, reconocimientos y estímulos a la labor académica.
- Normas de trabajo con los egresados

A esto se agregan las acciones necesarias para que se logre cumplir el reglamento de formación y evaluación. Las normas se determinan con base en el modelo educativo institucional, el estudio de los contextos interno y externo, el perfil de egreso, el perfil de ingreso y el mapa curricular.

Producto a lograr: Documento con el reglamento de formación y evaluación elaborado con la participación de la comunidad académica o directivos de la institución.

PROCESO 8. PLANEACIÓN DE LA GESTIÓN ACADÉMICA

En este proceso se determinan las políticas y actividades para implementar el modelo educativo de la institución y el mapa curricular, considerando aspectos tales como la investigación, el aseguramiento de la calidad y la vinculación con la comunidad.

Producto a lograr: Documento con las acciones mínimas de gestión académica, esencialmente el aseguramiento de la calidad, la investigación y la vinculación con la comunidad.

Tabla 22.Componentes de la gestión académica.

Área de la gestión	Componentes claves
Gestión para el aseguramiento de la calidad educativa	• Proceso de autoevaluación. • Proceso de acreditación institucional y de programas. • Procesos de certificación de la calidad.
Gestión de la investigación	• Líneas de investigación y responsables. • Participación de los estudiantes en líneas de investigación. • Tipos de investigación. • Convenios con otras organizaciones. • Reglamento de las patentes. • Reglamento de publicaciones. • Estructura mínima de los proyectos de investigación. • Financiación de proyectos de investigación.
Gestión de la vinculación con la comunidad	• Líneas prioritarias en la realización de proyectos de trabajo con la sociedad. • Estructura mínima de los proyectos de trabajo con la sociedad. • Financiación de proyectos sociales. • Participación de directivos, docentes y estudiantes en proyectos de trabajo con la sociedad.

PROCESO 9. PLANEACIÓN E IMPLEMENTACIÓN DE LOS PROYECTOS FORMATIVOS

- Descripción

Consiste en planificar, ejecutar y socializar los proyectos formativos con los estudiantes siguiendo el mapa curricular, el modelo educativo y el estudio del contexto interno y externo, en el marco del cumplimiento de la normatividad institucional y las políticas de gestión académica con el fin de lograr el perfil de egreso.

Producto a lograr: Documento con la planeación sintética de cada uno de los proyectos formativos del mapa curricular.

- Metodología:

La planeación de los proyectos formativos debe ser flexible y enfocarse en lograr que los estudiantes aprendan a resolver problemas con creatividad y transversalidad de saberes a partir de la colaboración. En la planeación, básicamente se trata de establecer las líneas generales de trabajo, el proceso de evaluación y los principales recursos a emplear.

En la Tabla 23 se describen los componentes claves de los proyectos formativos. En la planeación se puede plantear un problema general y luego concretar el problema con los mismos estudiantes. De los elementos descritos en la tabla, son esenciales las competencias a formar, el problema del contexto, las evidencias y actividades. Los demás aspectos se pueden trabajar durante el desarrollo mismo del proyecto. De esta manera se tiene mayor flexibilidad y se puede empezar la implementación en menor tiempo con lo cual se benefician los mismos estudiantes.

Tabla 23. Componentes claves de los proyectos formativos

Elemento	Explicación
Título	Es el título establecido en el mapa curricular.
Tiempo	Se indica el número de horas de trabajo (También puede ser en créditos)
Competencias por formar	Se indican la competencia o competencias del perfil de egreso que forma o contribuye a desarrollar la unidad de aprendizaje o módulo. Las competencias pueden ser: competencias básicas, competencias específicas y competencias genéricas.
Competencias previas requeridas	Se describen la competencia o competencias previas que deben cumplir los estudiantes para cursar la unidad de aprendizaje o módulo.
Problema o problemas por resolver	Se describe uno o varios problemas generales que aborda la unidad de aprendizaje. Considerar el estudio del contexto y el mapa curricular. Esta descripción puede ser muy específica o general. Un problema del contexto es el reto de pasar de una situación dada a una situación ideal o esperada en un determinado entorno con sentido para los estudiantes.
Criterios esenciales	Se describen los criterios esenciales de la competencia o competencias específicas y genéricas que deben lograr los estudiantes en la unidad de aprendizaje o módulo. Los criterios son las metas de formación, y con ellos se orientan las actividades y la evaluación.
Evidencias claves	Se describen una o varias evidencias que los estudiantes deben presentar para acreditar la formación en la unidad o unidades de aprendizaje. Las evidencias son productos concretos y tangibles que demuestran el desarrollo de las competencias. Se sugieren pocas evidencias.
Saberes	Los saberes son los procesos que deben aprender los estudiantes para resolver problemas del contexto. Se dividen en conceptos, procedimientos y actitudes.
Actividades	Se describen las actividades claves. Las actividades son las acciones concretas que se van a llevar a cabo en la unidad de aprendizaje para cumplir los criterios y lograr la evidencia o evidencias establecidas.
Recursos	Se describen algunos recursos esenciales para mediar la formación en la unidad de aprendizaje o módulo. Los recursos son los medios para realizar las actividades, como equipos, bibliografía, materiales, espacios físicos, etc.

Tomado de: Tobón (2014b)

PROCESO 10. GESTIÓN DEL TALENTO HUMANO DIRECTIVO, ADMINISTRATIVO Y DOCENTE

- Descripción del proceso:

Este proceso consiste en lograr que los directivos, el personal administrativo y los docentes posean las competencias necesarias para el puesto, considerando los retos en la formación de los estudiantes, las metas institucionales, las políticas públicas de educación y los criterios o indicadores de calidad que se tengan en el área.

- Comprende las siguientes acciones:

1. Identificación de las competencias que requieren los docentes, el personal administrativo y los directivos para afrontar los retos de la formación.
2. Selección de los profesionales más competentes para cada proceso académico o administrativo.
3. Evaluación del desempeño del personal.
4. Formación continua del personal.
5. Promoción, remuneración y mejora de la calidad de vida del personal.

Producto a lograr: Documento con el perfil de competencias de cada uno de los puestos de trabajo de la institución, y las acciones de selección, evaluación, formación, promoción, remuneración y calidad de vida del personal.

PROCESO 11. GESTIÓN DE RECURSOS

- Descripción del proceso

Consiste en buscar, guardar, mantener, adaptar, crear y emplear medios o insumos para realizar las actividades de los diferentes procesos curriculares y asegurar la formación de las competencias esperadas en los estudiantes.

Los recursos se dividen en los siguientes tipos: espacios físicos, equipos, materiales, bibliografía y recursos monetarios.

Producto a lograr: Documento con los recursos esenciales para implementar el proceso formativo y las acciones necesarias para gestionar estos recursos.

Tabla 24. Tipos de recursos a ser empleados

Recurso	Utilidad	Acciones para buscarlos, adaptarlos o crearlos	Tipo de mantenimiento o actualización

PROCESO 12. MEDIACIÓN DE LA FORMACIÓN INTEGRAL

- Descripción del proceso:

En el proceso de gestión curricular debe lograrse que los planes y programas de estudio se apliquen de manera efectiva en el aula, que no se queden en el discurso o en el papel. Para lograrlo es importante seguir un proceso paulatino de ejecución, compartiendo las experiencias entre los docentes y generando coevaluación entre ellos mismos, como también realizar una evaluación continua de parte de los directivos y de los mismos estudiantes con el propósito de lograr el mejoramiento continuo.

La mediación, desde la socioformación, son las acciones concretas que ejecutan los docentes y otras personas significativas (padres, pares y personas de la comunidad) para que los estudiantes se formen de manera integral y desarrollen las competencias necesarias para su desarrollo personal, la mejora de su calidad de vida, la convivencia social, el desarrollo socioeconómico y la sostenibilidad ambiental.

La mediación se basa en aplicar acciones puntuales en cada clase o sesión para lograr la formación integral considerando los retos actuales y futuros, trabajando en lo local con una visión global para tener impacto en la resolución de los problemas del contexto con compromiso ético. Las principales acciones de mediación se describen en la Tabla 25.

Es un proceso bidireccional e implica la formación continua de los docentes, los directivos, las familias y las personas de la comunidad a medida que se forman los estudiantes.

Producto a lograr: Documento con las acciones mínimas para mediar la formación integral y el desarrollo de competencias en los estudiantes, incluyendo el proceso de evaluación.

Tabla 25 Acciones claves de la mediación
Acción 1. Sensibilización Proceso por el cual se logra que los estudiantes se motiven hacia la formación y la evaluación continua, y con ello se concentren en las actividades y las terminen.
Acción 2. Conceptualización Consiste en lograr que los estudiantes dominen los conceptos fundamentales mediante la gestión del conocimiento, a través del empleo de estrategias tales como: mapas mentales, mapas conceptuales, cartografía conceptual, esquemas, análisis metacognitivo, etc.
Acción 3. Resolución de problemas Es lograr que los estudiantes identifiquen, interpreten, argumenten y resuelvan problemas del contexto.
Acción 4. Valores y proyecto ético de vida Consiste en lograr que los estudiantes actúen en la vida buscando la realización personal, la calidad de vida, la convivencia social y la sustentabilidad ambiental, aplicando los valores universales.
Acción 5. Comunicación asertiva Consiste en lograr que los estudiantes se expresen con mensajes claros, con cordialidad y respetando los derechos, sentimientos y opiniones de los demás, logrando un determinado propósito.
Acción 6. Colaboración Es el proceso por medio del cual se busca que los estudiantes trabajen y se formen mediante el apoyo mutuo y la unión de fortalezas, para lograr una meta en común.
Acción 7. Creatividad e innovación Consiste en lograr que los estudiantes contextualicen, adapten, transformen o generen estrategias, procedimientos y/o productos para resolver un problema con impacto.
Acción 8. Transversalidad Es lograr que los estudiantes resuelvan problemas articulando saberes de varias áreas, campos o disciplinas con coherencia.
Acción 9. Gestión de recursos Consiste en lograr que los estudiantes aprendan herramientas para buscar, manejar, mantener, adaptar, crear y emplear los recursos necesarios en la formación y en la resolución de problemas del contexto.
Acción 10. Valoración metacognitiva Es lograr que los estudiantes demuestren su desempeño ante los problemas con evidencias e implementen acciones continuas de mejoramiento a partir de la reflexión.

5.5 CICLOS VITALES

En la gestión curricular desde la socioformación los planes y programas de estudio no solamente deben abordar los retos del contexto externo, sino también las necesidades vitales de crecimiento de las personas para realizarse como seres humanos plenos. En este sentido, es de fundamental importancia comprender los ciclos vitales del ser humano para poder tener en cuenta las metas de cada ciclo vital entre los retos de formación de todo proceso curricular.

De acuerdo con Tobón (2014a), un ciclo vital se define como: "una fase o periodo en el desarrollo de los seres humanos, que articula aspectos biológicos, psicológicos y sociales, en un determinado contexto geográfico y cultural. Implica un proceso de socialización a través del lenguaje, en el cual las personas afrontan los retos de los contextos local y global, y también buscan la satisfacción de sus distintas necesidades (biológicas, psicoafectivas, de conocimiento, de emprendimiento y sociales)".

Los ciclos vitales se caracterizan por los siguientes aspectos:

- Los ciclos vitales varían conforme cambian las condiciones socioeconómicas, la cultura y el entorno ambiental. En este sentido, no son estáticos ni iguales en los seres humanos en todas las sociedades, tal como tradicionalmente se abordaban las etapas del desarrollo psicológico.
- Los ciclos vitales se basan en una concepción biopsicosocial del ser humano, mientras que el desarrollo psicológico tradicional ante todo era estudiado por los psicólogos. Actualmente, este es un campo de estudio transdisciplinar en el que intervienen múltiples disciplinas: psicología, sociología, antropología, pedagogía, biología, ecología, economía, medicina, nutrición, etc.
- En cada ciclo vital los seres humanos buscan el logro de determinadas metas de manera implícita o explicita. Estas metas son de orden psicológico, social, económico, educativo, biológico, etc., conforme a las tendencias y cambios socioeconómicos, como también a las tendencias hereditarias (Feldman, 2007; Papalia, Olds y Feldman, 2010; Rice, 2007).

5.6 TIPOS DE CICLOS VITALES

Aunque hay variaciones sobre los ciclos vitales entre diferentes investigaciones, a continuación se presenta una síntesis de cada ciclo tomando como referencia a Tobón (2014a).

Tabla 26. Metas de los principales ciclos vitales

Ciclo vital	Periodo aproximado	Algunas metas del ciclo
Ciclo vital prenatal	Desde la concepción hasta el nacimiento.	1. Desarrollo corporal integral 2. Protección 3. Estabilidad afectiva y vínculo con la madre y la familia
Ciclo vital de la infancia	Hasta los 2 años	1. Tener protección y afecto de la familia 2. Aprender a tener independencia a través de la locomoción motora. 3. Aprender a comunicarse con las personas cercanas mediante el lenguaje oral. 4. Aprender a expresar las emociones básicas. 5. Expresar sus intereses. 6. Tener motivación para realizar las cosas por sí mismo, como la higiene personal. 7. Explorar el entorno cercano y comprender los objetos que le rodean.
Ciclo vital de la niñez temprana	3-5 años	1. Tener un vínculo de apego sólido con toda la familia. 2. Actuar en el marco de un rol de género. 3. Conocer el entorno cercano y plantear preguntas sobre sí mismo, los demás, los padres, la casa donde vive, la colonia, escuela, etc. 4. Construir nociones de las situaciones y objetos cercanos para identificarlos. 5. Actuar con creatividad en los juegos. 6. Aprender a hacer amistad con pares a través del juego. 7. Aprender a corregir errores. 8. Soñar con alguna ocupación o profesión, desarrollando la capacidad de imaginación y creatividad.

Continuación Tabla 26

Ciclo vital	Periodo aproximado	Algunas metas del ciclo
Ciclo vital de la niñez intermedia	6-11 años	1. Fortalecer el vínculo de apego con la familia. 2. Desarrollar un vínculo de amistad estable con los compañeros de estudio. 3. Aprender a trabajar con laboriosidad, es decir, realizar las actividades con concentración y terminarlas. 4. Desarrollar la lectura, la escritura y la aritmética para vivir en la sociedad. 5. Resolver problemas con base en nociones y proposiciones, aplicando estrategias pertinentes. 6. Ampliar el aprendizaje de normas para vivir en la sociedad. 7. Expresarse con asertividad: decir las cosas con respeto y amabilidad. 8. Proyectarse con mayor claridad en una ocupación o profesión.
Ciclo vital de la adolescencia	12-18 años	1. Lograr relaciones de amistad cálidas y estables con los pares en diferentes contextos. 2. Lograr la identidad como persona: ¿quién soy?, ¿de dónde vengo?, ¿qué voy a hacer en la vida? 3. Tener un vínculo de afecto, apoyo y respeto con la familia. 4. Conocer y autorregular la sexualidad. 5. Tener claridad de una ocupación o profesión por seguir. 6. Resolver problemas con procesos lógicos, conceptos, alto grado de abstracción y estrategias pertinentes. 7. Tener un estilo de vida saludable.

Continuación de la Tabla 26

Ciclo vital	Periodo aproximado	Algunas metas del ciclo
Ciclo vital de la juventud	19-40 años	1. Tener intimidad; es decir, desarrollar relaciones íntimas, cercanas y de confianza con los demás, basadas en el respeto. No es necesario que los demás estén presentes para tener una amistad. 2. Tener una profesión u ocupación valorada en la sociedad. 3. Conseguir un empleo o tener su propia empresa. 4. Desarrollar estabilidad laboral y desarrollarse en el mundo del empleo. 5. Tener satisfacción con una vocación. 6. Mantener el estilo de vida saludable logrado en la adolescencia o desarrollarlo.
Ciclo vital de la edad madura	40-65 años	1. Tener generatividad, esto es, creatividad y emprendimiento de proyectos. 2. Desarrollar un pleno sentido de sí mismo y sentir el logro de la realización personal en todas las dimensiones de la vida. 3. Lograr constituir una familia estable. 4. Lograr la actualización continua en una profesión o vocación, o cambiar de vocación cuando no se siente plena satisfacción con lo que se hace. 5. Lograr la experticia y liderazgo en un área, y tener reconocimiento social por ello. 6. Buscar nuevos referentes en el trabajo o en el mundo empresarial. 7. Mantener un estilo de vida saludable o desarrollarlo.
Ciclo vital de la adultez mayor	Más de 65 años	1. Tener una plena aceptación de sí mismo y de la vida. 2. Reflexionar y encontrarle sentido a la existencia y a la muerte. 3. Tener un programa de cuidado de la salud con chequeos continuos. 4. Disfrutar de la vida (viajes, fiestas, reuniones sociales, etc.). 5. Apoyar a otros a disfrutar de la vida y lograr la realización personal.

5.7 CICLOS PROPEDÉUTICOS

En la socioformación, un ciclo propedéutico se define como "una fase educativa en la cual los estudiantes tienen actividades extra para afianzar el desarrollo de las competencias del mismo ciclo y lograr el éxito en el desarrollo de las competencias del ciclo siguiente. Estas actividades extra son acciones que no están en los programas educativos tradicionales y las deben realizar los estudiantes con el apoyo de sus docentes, los recursos de aprendizaje, la familia y el contexto social" (Tobón, 2014a, p.).

Un ciclo es una fase o etapa que cambia o se adapta dentro del sistema educativo y se compone de acciones articuladas para lograr la formación integral y el desarrollo de competencias en los estudiantes considerando las necesidades del ciclo vital en el cual se encuentran. En este sentido, un ciclo puede ser, por ejemplo, el preescolar o la educación media superior.

El concepto de ciclo no es suficiente en la educación, pues se han implementando en diversas reformas educativas y no han logrado los resultados esperados en la formación de ciudadanos emprendedores y éticos. Es por ello que en la socioformación se propone agregar de manera articulada la propedéutica a los ciclos. Esta no es un curso inicial, adicional o de preparación para la formación. Es un conjunto sistemático de actividades que se realizan al inicio, durante y al final del ciclo para lograr efectivamente las metas propuestas en la formación y asegurar que los estudiantes tengan éxito en el ciclo o ciclos siguientes.

En la gestión curricular desde la socioformación se implementan los ciclos propedéuticos buscando que se articulen con otros ciclos que están antes, son paralelos o vienen después. De esta forma los estudiantes tienen continuidad en la formación para tener un desarrollo progresivo de sus competencias, sobre todo en aquellas que son esenciales en la actualidad como la comunicación, el trabajo colaborativo, la gestión del conocimiento, la investigación y el cálculo matemático. Un ciclo propedéutico dura más de un año y va hasta cuatro o cinco años como máximo. A veces puede prolongarse por más tiempo.

5.7.1 CICLOS PROPEDÉUTICOS MÁS RELEVANTES DESDE LA SOCIOFORMACIÓN

Desde la socioformación, se proponen una serie de lineamientos para los ciclos propedéuticos más relevantes en la educación actual. Estos ciclos se describen en la Tabla 27 (Tobón, 2014a).

Tabla27. Ciclos propedéuticos en la educación básica

Ciclo propedéutico	Duración	Énfasis
Preescolar Entre 3 y 6 años	3 años	-Aprende a relacionarse con los demás, a resolver conflictos y encontrarle sentido a la existencia mediante el juego. -Sigue normas externas en sus actuaciones. -Emplea el juego y recursos del contexto cercano para resolver problemas que se le presentan. -Elabora nociones de las cosas, objetos y situaciones de la realidad inmediata para ubicarse en su contexto.
Primaria baja Entre 6 y 9 años	3 años	-Establece amistad con los compañeros de estudio y compañeros de juegos, o vecinos basadas en el respeto. -Explora posibles áreas de talento con base en sus intereses. -Identifica sus logros y reconoce posibles errores en su actuación, los cuales corrige. -Comprende y resuelve problemas del contexto mediante la comunicación escrita, el cálculo matemático y el trabajo colaborativo. -Aplica nociones y proposiciones en la resolución de problemas del contexto.
Primaria alta Entre 9 y 12 años	3 años	-Realiza actividades y resuelve problemas con laboriosidad. Esto significa que planifica su trabajo y trabaja con dedicación y concentración en el logro de una meta. -Desarrolla una o varias áreas de talento en cualquier campo y se motiva con ello. -Resuelve problemas cotidianos con base en la lectura comprensiva, la redacción de textos y la aplicación de herramientas matemáticas. -Resuelve problemas cotidianos mediante nociones y proposiciones de las ciencias naturales y sociales.
Secundaria Entre 12 y 15 años	3 años	-Elabora una identidad como persona, con intereses, valores, compromisos, y relación con los demás. -Construye y aplica conceptos de las matemáticas, la lectoescritura, las ciencias naturales y las ciencias sociales en la resolución de problemas del contexto con creatividad. -Gestiona el conocimiento a través del uso de fuentes pertinentes para resolver problemas del contexto. -Tiene sentido de reto para resolver problemas del contexto complejos (articulan diferentes variables y campos).

5.7.2 CICLO PROPEDÉUTICO DE LA EDUCACIÓN MEDIA SUPERIOR DESDE LA SOCIOFORMACIÓN

En este ciclo propedéutico se busca ante todo que los estudiantes sean emprendedores con un fuerte compromiso con su realización personal y contribución a la resolución de los problemas sociales (Véase la Tabla 28 (Tobón, 2014a).

Tabla 28. Ciclo propedéutico de la educación media superior

Ciclo propedéutico	Duración	Metas claves de formación
Educación media superior (preparatoria) Edad promedio: entre 15 y 18 años	3 años	-Desarrolla una identidad como persona, con una vocación, unas áreas de talento y una responsabilidad con su bienestar, la convivencia social y la sustentabilidad ambiental. -Actúa con base en los valores universales, tales como el respeto, la responsabilidad, la honestidad y la equidad. -Aplica conceptos y herramientas de diferentes campos disciplinares para resolver problemas del contexto. -Realiza proyectos creativos en diversos campos de la sociedad aplicando los saberes disciplinares esenciales y gestionando el conocimiento a través de fuentes rigurosas. -Planifica, ejecuta y socializa proyectos mediante el trabajo colaborativo articulando saberes de diferentes disciplinas, con claridad en sus objetos de estudio, características, límites y problemas disciplinares. -Planifica y ejecuta proyectos de investigación en un campo vocacional integrando elementos tales como: formulación del problema, establecimiento de la metodología, análisis del procesamiento de la información, aplicación de la estadística, presentación de resultados y análisis.

5.7.3 CICLO PROPEDÉUTICO DE LA EDUCACIÓN TÉCNICA

A continuación se presentan las características claves de la formación técnica y de licenciatura (Tobón, 2014a).

Tabla 29. Ciclo propedéutico de la educación técnica

Ciclo propedéutico	Duración	Metas claves de formación
Técnico superior	Hasta 2 años	1. Desarrolla vocación y compromiso para desempeñar un área técnica. 2. Busca el desarrollo continuo de las competencias para desempeñarse en el campo técnico y así realizar las actividades del área. 3. Actúa con autonomía y flexibilidad en el área técnica, entregando los productos en el tiempo establecido. 4. Comprende y utiliza información contenida en libros, manuales y artículos para realizar actividades y resolver problemas con calidad. 5. Redacta informes técnicos sobre actividades realizadas o problemas resueltos siguiendo las normas de ortografía del idioma. 6. Planea, ejecuta y socializa actividades para resolver problemas del área laboral con creatividad y aplicando algunas técnicas de sistematización de la información.

5.7.4 CICLO PROPEDÉUTICO DE LA EDUCACIÓN TECNOLÓGICA

A continuación se presentan las características claves de la formación técnica y de licenciatura (Tobón, 2014a).

Tabla 30. Ciclo propedéutico de la educación tecnológica

Ciclo propedéutico	Duración	Metas claves de formación
Tecnología	Hasta 3 años	1. Se desempeña en el área tecnológica con vocación y compromiso. 2. Busca el desarrollo continuo de las competencias para desempeñarse en el campo tecnológico y así resolver problemas cada vez más complejos siguiendo estándares o criterios de calidad. 3. Actúa con autonomía, flexibilidad y coordinación en el área tecnológica considerando las metas de los procesos y la planeación estratégica de base. 4. Resuelve problemas con creatividad gestionando y comprendiendo la información de múltiples fuentes. 5. Elabora informes sobre actividades y proyectos implementados. 6. Planea, ejecuta y socializa proyectos para resolver problemas del área laboral con creatividad y aplicando algunas técnicas de sistematización de la información. 7. Genera actividades y proyectos en el orden tecnológico para resolver problemas en el campo laboral aplicando los principios de la ciencia. 8. Implementa mejoras en los procesos aplicando herramientas de investigación.

5.7.5 CICLO PROPEDÉUTICO DE LA EDUCACIÓN PROFESIONAL UNIVERSITARIA (LICENCIATURA)

A continuación se presentan las características claves de la formación técnica y de licenciatura (Tobón, 2014a).

Tabla 31. Ciclo propedéutico de la educación profesional universitaria

Ciclo propedéutico	Duración	Metas claves de formación
Profesional universitario o licenciatura	Hasta 3 años	1. Actúa en el campo profesional con vocación, buscando el fortalecimiento de su profesión. 2. Gestiona las acciones necesarias para desarrollar y fortalecer de manera continua sus competencias profesionales. 3. Actúa con autonomía, flexibilidad, coordinación, creatividad e innovación en la resolución de problemas. 4. Gestiona el mejoramiento continuo de su calidad de vida en el campo profesional. 5. Elabora informes sobre actividades y proyectos implementados con base en fuentes disciplinares. 6. Planea, ejecuta y socializa proyectos para resolver problemas profesionales con creatividad e innovación. 7. Gestiona proyectos para resolver problemas variados y novedosos con alto impacto en el contexto y con creatividad. 8. Administra y lidera la planeación, ejecución y socialización de proyectos profesionales. 9. Aplica diversas metodologías de investigación para resolver problemas del área profesional. 10. Articula saberes de varias disciplinas para resolver problemas profesionales con impacto.

5.7.6 CICLOS PROPEDÉUTICOS DE LA EDUCACIÓN TÉCNICA Y SUPERIOR DESDE LA SOCIOFORMACIÓN

A continuación se presentan las características claves de la formación técnica y de licenciatura (Tobón, 2014a).

Tabla 32. Ciclo propedéutico de la educación técnica y superior

Ciclo propedéutico	Duración	Metas claves de formación
Formación especializada	Hasta 1 año	1. Busca el desarrollo continuo de sus competencias con énfasis en un área o campo profesional. 2. Implementa acciones para consolidar el área profesional en la cual trabaja. 3. Lidera proyectos con alto grado de idoneidad y fundamentación científica en un área. 4. Aplica metodologías de investigación para mejorar o innovar el ejercicio profesional.

Ciclo propedéutico	Duración	Metas claves de formación
Maestría	Hasta 2 años	1. Actúa ante las situaciones y los problemas afrontando la incertidumbre con estrategias.2 2. Presenta informes de proyectos siguiendo las normas de estilo en el área 3. Elabora artículos, manuales y/o ponencias para comunicar el proceso y los resultados de las investigaciones realizadas. 4. Trabaja de manera inter y transdisciplinaria de acuerdo con los requerimientos. 5. Critica los modelos teóricos y metodológicos, y propone mejoras. 6. Realiza investigaciones puras y aplicadas.

Ciclo propedéutico	Duración	Metas claves de formación
Doctorado	Hasta 3 años	1. Trabaja con alto grado de laboriosidad y perseverancia en la investigación científica, y logra publicaciones en revistas indexadas. 2. Aplica en sus estudios la ética de la investigación establecida en su área. 3. Publica artículos en revistas indexadas y arbitradas de primer nivel. 4. Trabaja de manera transdisciplinaria para generar conocimiento científico 5. Adapta y mejora las metodologías de investigación. 6. Coordina equipos de investigación en un área y genera impacto a través de las publicaciones, comunicaciones y formación de nuevos investigadores.

5.8 METACOGNICIÓN CURRICULAR

La metacognición curricular se refiere al proceso de mejoramiento continuo del currículo con base en la reflexión individual y colectiva de los actores responsables de su gestión, en cada uno de sus procesos: políticos, directivos, docentes, familias, comunidad y estudiantes. Sugerimos que los equipos de gestión curricular empleen una serie de preguntas en torno a la gestión curricular para poner en acción la metacognición y de esta manera lograr la calidad. Un ejemplo de preguntas metacognitivas se presenta en la Tabla 33.

Tabla33 Ejemplos de preguntas metacognitivas para gestionar el currículo y asegurar la calidad.

Fase	Preguntas	Logros	Acciones para mejorar
Direccionamiento	¿Se tiene una visión compartida de cómo debe ser el currículo acorde con los retos de la sociedad del conocimiento? ¿Se tienen metas claras y pertinentes de la gestión curricular, con sus respectivas evidencias? ¿Se tiene implementado el trabajo colaborativo con distribución de roles y complemento de fortalezas?		
Planeación	¿Las acciones para lograr las metas de la gestión curricular son pertinentes y factibles? ¿Se tienen planificadas acciones para generar el cambio educativo y superar las posibles resistencias en los diferentes actores? ¿Se tienen acciones para afrontar la incertidumbre durante la gestión curricular ?		

Continuación Tabla 33			
Fase	Preguntas	Logros	Acciones para mejorar
Actuación	¿Se están implementando las actividades conforme a lo planeado, a los procesos de incertidumbre y a las necesarias adaptaciones al contexto? ¿Se está evidenciando el logro de las metas de la gestión curricular? ¿Se están afrontando con eficacia y pertinencia las resistencias de los actores educativos?		
Comunicación	¿Se evidencia el logro de las metas propuestas? ¿El trabajo colaborativo contribuyó al logro de las metas? ¿Se evidencia el cambio en los procesos de formación acorde con los retos de la sociedad del conocimiento? ¿La comunidad educativa tiene claridad de las actividades de gestión curricular realizadas y de los avances en el mejoramiento de los procesos de formación? ¿Se tiene claridad del camino a seguir para continuar el cambio educativo? ¿Hay compromiso para continuar el proceso de cambio?		

5.9 AUTOORGANIZACIÓN CURRICULAR

Esta habilidad de pensamiento complejo consiste en buscar que un sistema posea identidad o características propias (autonomía) para lograr una meta con base en relaciones cambiantes con otros sistemas (dinámica de dependencia). Esto tiene las siguientes implicaciones en la gestión curricular abordada desde la socioformación:

1. El currículo es un proyecto formativo que debe orientarse a formar ciudadanos éticos y emprendedores (metas).
2. El currículo debe buscar la identidad, es decir, tener elementos característicos y diferenciadores de otras instituciones, considerando el modelo educativo institucional, las políticas educativas nacionales e internacionales y los retos del contexto.
3. El currículo debe trabajarse con autonomía, respondiendo a los retos del contexto institucional y de la comunidad. No debe ser la simple aplicación mecánica de contenidos, metas y políticas externas.
4. El currículo debe apoyarse en relaciones de dependencia cambiantes con los retos del contexto social, económico, ambiental, profesional e investigativo (dinámica de dependencia). Esto es clave para lograr su continuo desarrollo y mejora.
5. A partir de relaciones con sistemas externos, el currículo se debe ir renovando en aspectos tales como el perfil, el mapa curricular y las políticas de formación y evaluación.

5.9.1 HOLOGRAMÁTICA CURRICULAR

Esta habilidad compleja se refiere a determinar cómo el todo está presente en cada una de las partes de un sistema (Morin, 1995). En la socioformación, se busca que en cada parte esté el todo. Por ejemplo, se trabaja para que en cada sesión de clase (parte) se trabaje el modelo educativo institucional (todo).

Sugerencias para aplicar esta habilidad:

1. Planificar los mapas curriculares (partes) siguiendo el modelo educativo institucional (todo).

2. Planificar y ejecutar los proyectos formativos (partes) siguiendo los referentes del modelo educativo institucional (todo).
3. Mediar la formación de los estudiantes a través de la resolución de problemas del contexto (parte) aplicando los referentes del modelo educativo institucional (todo).

5.9.2 RECURSIVIDAD CURRICULAR

Esta habilidad de pensamiento complejo consiste en abordar los problemas del contexto considerando sus múltiples causas y efectos, así como el impacto de los efectos en las mismas causas. También se analiza el impacto de diversos factores en tales relaciones. Con ello se busca trascender la causalidad lineal porque la causa actúa sobre el efecto, y el efecto actúa sobre la causa.

Sugerencias para aplicar esta habilidad en la gestión curricular:

1. Se deben considerar los diferentes factores que intervienen en la formación, como el papel de los medios de comunicación, los padres, la valoración social de los maestros, el papel de los directivos, el currículo, las estrategias didácticas, el proceso de evaluación, los recursos, etc. La formación no se puede abordar desde un único factor.
2. Las evaluaciones de la formación (efectos) debe llevar a implementar mejoras en actividades didácticas y de evaluación (causas). Para ello se debe retroalimentar a los docentes, directivos, padres y estudiantes.
3. Debe buscarse que el currículo sea flexible, teniendo en cuenta los retos del contexto, retroalimentándose continuamente de estos.
4. La formación de estudiantes éticos y emprendedores (efecto) lleva a mejorar los procesos curriculares (causas) por una mejor valoración de la institución educativa y de sus docentes, quienes se comprometerán más con el proceso.

5.9.3 DIALÓGICA CURRICULAR

Esta habilidad de pensamiento complejo consiste en:

Los principios antagónicos deben unirse buscando su complementariedad para entender los fenómenos complejos y generar cambio e innovación. En la gestión curricular existen varios pares de principios antagónicos; entre otros: dirección y flexibilidad, y orientación profesional y orientación científica. El principio dialógico nos invita a buscar la complementariedad de estos principios como base para un abordaje complejo del currículo. Por tanto, es necesario que haya un direccionamiento básico y común para todos, con una secuencia lógica de cierto número de proyectos formativos para que así el programa tenga identidad. Pero también es preciso que se tenga flexibilidad; es decir, que los estudiantes puedan configurar sus estudios de acuerdo con sus expectativas, facilidades de tiempo y metas.

Igualmente, se requiere unir y buscar la complementariedad entre la formación profesional y la formación científica, lo cual se logra cuando se promueve la formación investigativa de una manera transversal en el currículo, se trabaja con base en problemas y proyectos, y se enfatiza en la creatividad y la innovación.

REFERENCIAS

Morin, E. (1992). El Método IV: Las ideas. Madrid: Cátedra.

Morin, E. (1994). Introducción al pensamiento complejo. Barcelona: Gedisa.

Morin, E. (2002). Los siete saberes necesarios para la educación del futuro. Buenos Aires: Nueva Visión.

Tobón, S., Guzmán, C. E., Hernández, J. S., & Cardona, S. (2015). Sociedad del conocimiento: Estudio documental desde una perspectiva humanista y compleja. Paradigma, 36(2), 7-36. Recuperado de 2017 http://www.scielo.org.ve/scielo.php?script=sci_arttext&pid=S1011-22512015000200002&lng=es&tlng=es.

Tobón, S., Gonzalez, L., Nambo, J. S., & Vazquez Antonio, J. M. (2015). La Socioformación: Un Estudio Conceptual. Paradigma, 36(1), 7-29.

Recuperado de http://www.scielo.org.ve/scielo.php?script=sci_arttext&pid=S1011-22512015000100002&lng=es&tlng=es.

Tobón, S. (2017a). Pensamiento Complejo: Evaluación y Estrategias de Formación. Mount Dora: Kresearch.

Tobón, Sergio (2017b). El proyecto ético de vida desde la socioformación. México: FISOD.

Made in the USA
Monee, IL
05 November 2026

67380393R00083